中等职业教育课程改革国家规划新教材配套用书

电工电子技术与技能试题集

冯满顺　编著

电子工业出版社

Publishing House of Electronics Industry

北京·BEIJING

内 容 简 介

本书是国家规划教材《电工电子技术与技能（非电类多学时）》的配套教材。本书不仅汇编了《电工电子技术与技能（非电类多学时）》各章试题，而且还汇编了电工基础试题、电子技术试题，以及维修电工操作技能鉴定模拟试题、中等职业学校职业技能大赛模拟试题等内容。

本书选用的试题都是经过精心策划的，题型多样、新颖，既符合教育部颁布的《中等职业学校电工电子技术与技能教学大纲》的要求，又符合国家职业技能鉴定的相关要求，选材合理，难易适中。可以作为学生学习《电工电子技术与技能（非电类多学时）》的自我检测用书，也可以作为教师选题参考之用，还可以作为中等职业学校机电类、计算机类、非电类相关专业电工与电子技术课程及工科电类专业的辅助教材。

图书在版编目（CIP）数据

电工电子技术与技能试题集/冯满顺编著. —北京：电子工业出版社，2011.8

中等职业教育课程改革国家规划新教材配套用书

ISBN 978-7-121-14276-5

Ⅰ.①电… Ⅱ.①冯… Ⅲ.①电工技术—中等专业学校—习题集②电子技术—中等专业学校—习题集

Ⅳ.①TM-44②TN-44

中国版本图书馆 CIP 数据核字（2011）第 156074 号

策划编辑：白　楠
责任编辑：桑　昀
印　　刷：三河市鑫金马印装有限公司
装　　订：
出版发行：电子工业出版社
　　　　　北京市海淀区万寿路 173 信箱　邮编　100036
开　　本：787×1 092　1/16　印张：11.25　字数：288 千字
印　　次：2011 年 8 月第 1 次印刷
印　　数：3 000 册　定价：21.00 元

凡所购买电子工业出版社图书有缺损问题，请向购买书店调换。若书店售缺，请与本社发行部联系，联系及邮购电话：（010）88254888。

质量投诉请发邮件至 zlts@phei.com.cn，盗版侵权举报请发邮件至 dbqq@phei.com.cn。

服务热线：（010）88258888。

前　言

　　《电工电子技术与技能试题集》是国家规划教材《电工电子技术与技能（非电类多学时）》的配套教材。本书不仅汇编了《电工电子技术与技能（非电类多学时）》各章试题，而且还汇编了电工基础试题、电子技术试题、三校生（中专、职高、技校）考高职学院升学考试试题（电工与电子技术专业基础），以及维修电工操作技能鉴定模拟试题、中等职业学校职业技能大赛模拟试题等内容。

　　依据教育部 2009 年颁布的《中等职业学校电工电子技术与技能教学大纲》的要求编写的《电工电子技术与技能（非电类多学时）》教材，理论联系实际，将理论教学环节和实践教学环节相结合，将课堂知识与生产实践相结合，将技能的规范和要求渗透到教学内容之中，充分体现"理实一体"的教学模式。《电工电子技术与技能（非电类多学时）》加强实践性教学环节，突出知识的应用，使学生通过任务的完成、工作过程的体验或典型电子产品的制作，掌握相应的知识和技能，提高学习兴趣，激发学习动力。融"教、学、做"为一体，充分体现"学中做、做中教、教中学"的职业教育的教学模式。

　　在新形势下，学生如何更积极主动地学习，教师如何考核学生对基本知识和基本技能的掌握，这些都是亟须解决的新课题。本书试图根据教育部2009年颁布的《中等职业学校电工电子技术与技能教学大纲》并结合人力资源和社会保障部颁发的《国家职业标准》、《职业技能鉴定》相关工种的要求进行探索。本书具有以下特点：

　　1．本书基本试题部分每一块内容都由知识试题、技能试题和理实一体化试题 3 套试题组成，以适应各类学校对学生考核的不同要求。

　　2．本书的基本试题既可以作为每章测验单独用题，也可以根据教学需要组合成新的试卷，还可以根据考核要求组合为期中、期末考试试卷，以方便教师教学。每套试题均按难易程度、教学要求对每一道题配分，学生每做完一套题后，根据得分情况，可以明了对这一部分内容的掌握情况。因此，本书既可作为教师选题参考之用，也可以作为学生学习《电工电子技术与技能（非电类多学时）》的自我检测用书。

　　3．本书选用的试题都是经过精心策划的，既符合教育部颁布的《电工电子技术与技能（非电类多学时）》教学大纲的要求，又符合国家职业技能鉴定有关要求，选材合理，深浅适度。

　　4．本书选用的试题题型多样、新颖，有判断题、选择题、计算题、简答题、分析题、作图题、连线搭配题，还有案例分析等题型。既适应当代学生求新、求异、求易的需求，又与职业技能鉴定基本相符。

　　5．本书的试题是根据教学要求精心挑选的，有许多试题是编者多年教学的积累。选用的试题紧扣教材，难易适中。有许多试题能发人深省、引人入胜，如简单的故障分析，透过现象看本质，使学生学会分析问题、解决问题的方法，提高学生的学习兴趣。

作为中等职业学校机电类、计算机类、非电类相关专业电工与电子技术课程及工科电类专业的辅助教材，本书备有试题解答，可登录华信教育资源网（www.hxedu.com.cn）免费下载。

由于本书编写时间过于仓促，加上编者水平有限，教材中欠缺或错漏之处在所难免。恳请使用本书的师生和读者提出宝贵意见。本书在编写过程中，参考了不少的文献和教材，在此对相关作者一并表示感谢。

编　者

2011 年 7 月

目　录

第一部分　基 本 试 题

第一章　认识实训室与安全用电··1
　　第一节　知识试题··1
　　第二节　技能试题··5
　　第三节　理实一体化试题··5
第二章　直流电路··7
　　第一节　知识试题··7
　　第二节　技能试题··12
　　第三节　理实一体化试题··13
第三章　磁场及电磁感应··15
　　第一节　知识试题··15
　　第二节　技能试题··18
　　第三节　理实一体化试题··19
第四章　电容和电感··22
　　第一节　知识试题··22
　　第二节　技能试题··25
　　第三节　理实一体化试题··27
第五章　单相正弦交流电路··28
　　第一节　知识试题··28
　　第二节　技能试题··32
　　第三节　理实一体化试题··33
第六章　三相正弦交流电路··36
　　第一节　知识试题··36
　　第二节　技能试题··40
　　第三节　理实一体化试题··40
第七章　供用电技术··43
　　第一节　知识试题··43
　　第二节　技能试题··47
　　第三节　理实一体化试题··47
第八章　常用电器··49
　　第一节　知识试题··49
　　第二节　技能试题··52

  第三节 理实一体化试题 ……………………………………………… 54

第九章 三相异步电动机的基本控制 …………………………………… 57

  第一节 知识试题 ………………………………………………………… 57

  第二节 技能试题 ………………………………………………………… 61

  第三节 理实一体化试题 ……………………………………………… 62

第十章 电工技术试卷 ……………………………………………………… 64

  （A卷）………………………………………………………………… 64

  （B卷）………………………………………………………………… 70

第十一章 电子实训室的认识与基本技能训练 …………………………… 76

  第一节 知识试题 ………………………………………………………… 76

  第二节 技能试题 ………………………………………………………… 79

  第三节 理实一体化试题 ……………………………………………… 79

第十二章 常用半导体器件 …………………………………………………… 81

  第一节 知识试题 ………………………………………………………… 81

  第二节 技能试题 ………………………………………………………… 85

  第三节 理实一体化试题 ……………………………………………… 86

第十三章 整流、滤波和稳压电路 …………………………………………… 89

  第一节 知识试题 ………………………………………………………… 89

  第二节 技能试题 ………………………………………………………… 94

  第三节 理实一体化试题 ……………………………………………… 95

第十四章 放大电路与集成运算放大器 ……………………………………… 97

  第一节 知识试题 ………………………………………………………… 97

  第二节 技能试题 ……………………………………………………… 101

  第三节 理实一体化试题 …………………………………………… 102

第十五章 数字电子技术基础 ……………………………………………… 105

  第一节 知识试题 ……………………………………………………… 105

  第二节 技能试题 ……………………………………………………… 109

  第三节 理实一体化试题 …………………………………………… 110

第十六章 组合逻辑电路和时序逻辑电路 ………………………………… 112

  第一节 知识试题 ……………………………………………………… 112

  第二节 技能试题 ……………………………………………………… 117

  第三节 理实一体化试题 …………………………………………… 117

第十七章 数字电路的应用 ………………………………………………… 119

  第一节 知识试题 ……………………………………………………… 119

  第二节 技能试题 ……………………………………………………… 123

  第三节 理实一体化试题 …………………………………………… 124

第十八章 电子技术试卷 …………………………………………………… 126

  （A卷）……………………………………………………………… 126

  （B卷）……………………………………………………………… 133

第二部分　入学考试试题

第十九章　普通高等职业技术教育"二级培训"专业基础课升学考试试卷⋯⋯⋯⋯⋯⋯⋯⋯140

（电子学基础 A 卷）⋯⋯⋯⋯⋯⋯⋯⋯⋯⋯⋯⋯⋯⋯⋯⋯⋯⋯⋯⋯⋯⋯⋯⋯⋯⋯⋯⋯⋯140

（电子学基础 B 卷）⋯⋯⋯⋯⋯⋯⋯⋯⋯⋯⋯⋯⋯⋯⋯⋯⋯⋯⋯⋯⋯⋯⋯⋯⋯⋯⋯⋯⋯145

第二十章　普通高等职业技术教育"三校生"专业基础课升学考试试卷⋯⋯⋯⋯⋯⋯⋯⋯⋯150

（电子学基础 A 卷）⋯⋯⋯⋯⋯⋯⋯⋯⋯⋯⋯⋯⋯⋯⋯⋯⋯⋯⋯⋯⋯⋯⋯⋯⋯⋯⋯⋯⋯150

（电子学基础 B 卷）⋯⋯⋯⋯⋯⋯⋯⋯⋯⋯⋯⋯⋯⋯⋯⋯⋯⋯⋯⋯⋯⋯⋯⋯⋯⋯⋯⋯⋯154

第三部分　操作技能鉴定试题

第二十一章　维修电工（四级）操作技能鉴定模拟试题（电子技术和电气控制部分）⋯⋯⋯158

电子技术——试题单⋯⋯⋯⋯⋯⋯⋯⋯⋯⋯⋯⋯⋯⋯⋯⋯⋯⋯⋯⋯⋯⋯⋯⋯⋯⋯⋯⋯⋯⋯158

电气控制——试题单⋯⋯⋯⋯⋯⋯⋯⋯⋯⋯⋯⋯⋯⋯⋯⋯⋯⋯⋯⋯⋯⋯⋯⋯⋯⋯⋯⋯⋯⋯160

第二十二章　电工电子中级工操作技能鉴定模拟试题　（电子技术和电气控制部分）⋯⋯⋯162

电子技术——试题单⋯⋯⋯⋯⋯⋯⋯⋯⋯⋯⋯⋯⋯⋯⋯⋯⋯⋯⋯⋯⋯⋯⋯⋯⋯⋯⋯⋯⋯⋯162

电气控制——试题单⋯⋯⋯⋯⋯⋯⋯⋯⋯⋯⋯⋯⋯⋯⋯⋯⋯⋯⋯⋯⋯⋯⋯⋯⋯⋯⋯⋯⋯⋯164

第二十三章　星光计划中等职业学校职业技能大赛《电子产品装配与调试》模拟试题⋯⋯⋯165

试题单（一）⋯⋯⋯⋯⋯⋯⋯⋯⋯⋯⋯⋯⋯⋯⋯⋯⋯⋯⋯⋯⋯⋯⋯⋯⋯⋯⋯⋯⋯⋯⋯⋯⋯165

试题单（二）⋯⋯⋯⋯⋯⋯⋯⋯⋯⋯⋯⋯⋯⋯⋯⋯⋯⋯⋯⋯⋯⋯⋯⋯⋯⋯⋯⋯⋯⋯⋯⋯⋯169

参考文献⋯⋯⋯⋯⋯⋯⋯⋯⋯⋯⋯⋯⋯⋯⋯⋯⋯⋯⋯⋯⋯⋯⋯⋯⋯⋯⋯⋯⋯⋯⋯⋯⋯⋯⋯⋯⋯⋯172

第一部分 基本试题

第一章 认识实训室与安全用电

第一节 知 识 试 题

一、判断题（正确的在括号中填上√，错误的在括号中填上×）（每题1分，共30分）

（　　）1. 电工电子产品种类繁多，主要可分为电工电子材料、组件、器件、配件（整件）、整机和系统。

（　　）2. 电工电子材料有导电材料、绝缘材料、磁性材料和半导体材料。

（　　）3. 常用的电工电子元器件有开关、继电器、电阻器、电容器、电感器、电声器件和半导体器件等。

（　　）4. 基本电工工具是指一般专业电工经常使用的工具，如低压验电器、尖嘴钳、剥线钳、钢丝钳和螺钉旋具等。

（　　）5. 低压验电器除了用于检查低压电气设备或线路是否带电外，还可用于区分相线和零线、交直流电和判断高低电压等。

（　　）6. 螺丝刀式低压验电器既可以检查低压电气设备或线路是否带电，又可以用作螺丝刀紧固和拆卸螺钉。

（　　）7. 尖嘴钳的头部尖细，适用于在狭小的空间操作。

（　　）8. 电工用尖嘴钳手柄上有耐压300V的绝缘套。

（　　）9. 剥线钳用于剥削任意直径的塑料或橡胶绝缘导线的绝缘层。

（　　）10. 测量各种电量和各种磁量的仪器仪表统称为电工电子测量仪表。

（　　）11. 基本电量是指电流、电压、功率和电能。

（　　）12. 实训室内的仪器设备，可以随意开启。

（　　）13. 在实训时，如发现紧急情况（如冒烟、异味等）应马上切断电源。

（　　）14. 每次实训结束后，必须切断电源，并认真填写实训记录。

（　　）15. 在特殊情况下，可用手来鉴定导体是否带电。

（　　）16. 为了固定电源线，可用金属丝绑扎电源线。

（　　）17. 为清洁电器，可用湿布擦拭电器。

（　　）18. 因电线外有塑胶或橡胶保护层，故可在电线上挂物件、衣服等。

（　　）19. 在搬运电钻、电焊机和电炉等可移动电器时，要先切断电源，不允许拖拉电源线来搬移电器。

（　　）20．电源未切断时，不得更换熔断器，不得任意加大熔断器的断流容量。

（　　）21．雷雨时，不要走近高电压电杆、铁塔和避雷针的接地导线的周围。

（　　）22．电流对人体的伤害，按其性质可分为电击和电伤两种，其中电伤是最危险的触电事故。

（　　）23．电伤伤害是造成触电死亡的主要原因，是最严重的触电事故。

（　　）24．人体触电伤害程度取决于通过人体电流的大小。

（　　）25．对人体不会造成危害的电压称为安全电压。

（　　）26．根据国家标准（GB3805—83）安全电压的等级分为 42V，36V，24V，12V和 6V。因此，应用 42V 以下的电压，就是绝对安全的。

（　　）27．触电的原因是人体直接接触了带电导体。

（　　）28．触电急救应遵循准确、就地、迅速和坚持的原则。

（　　）29．电气火灾通常是因电气设备的绝缘老化、接头松动、过载或短路等因素导致过热而引起的。

（　　）30．用钢丝钳剪切带电导线时，需单根进行，以免造成短路事故。

二、选择题（在括号中填上所选答案的字母）（每题 1 分，共 30 分）

1．电工电子材料有导电材料、半导体材料、绝缘材料和（　　）4 种。
　　A．金属材料　　　B．活材料　　　C．磁性材料　　　D．电介质

2．属于导电材料的有（　　）。
　　A．天线　　　　　B．电缆　　　　C．光纤　　　　　D．塑料

3．属于绝缘材料的有（　　）。
　　A．铝箔　　　　　B．橡胶　　　　C．铜箔板　　　　D．合成板

4．属于半导体材料的有（　　）。
　　A．硅片　　　　　B．橡胶　　　　C．塑料　　　　　D．合成板

5．低压验电器是检查导体和电气设备是否（　　）的一种常用工具。
　　A．导通　　　　　B．阻断　　　　C．带电　　　　　D．绝缘

6．低压验电器的电压检验范围是（　　）V。
　　A．60～90　　　　B．90～150　　　C．150～500　　　D．60～500

7．低压验电器一般由笔尖金属体、电阻、弹簧、笔尾金属体和（　　）组成。
　　A．小灯泡　　　　B．发光二极管　　C．氖管　　　　　D．电珠

8．尖嘴钳的（　　），用于剪断细小的导线、金属丝等。
　　A．钳头　　　　　B．钳柄　　　　C．钳嘴　　　　　D．刀口

9．尖嘴钳的（　　），用于夹持较小的螺钉、垫圈、导线和将导线端头弯曲成所需形状。
　　A．钳头　　　　　B．钳柄　　　　C．钳嘴　　　　　D．刀口

10．剥线钳钳口有（　　）mm 多个直径切口，以适应不同规格的线芯剥削。
　　A．0.1～0.5　　　B．0.5～3　　　C．3～5　　　　　D．5～10

11．钢丝钳常用来弯绞导线、紧固螺母、剪切导线和（　　）等。
　　A．剥削绝缘层　　B．夹持螺钉　　C．拆卸螺钉　　　D．侧切钢丝

12. 钢丝钳弯绞导线时用（　　）。
　　A. 钳口　　　　　B. 齿口　　　　　C. 刀口　　　　　D. 侧口

13. 钢丝钳紧固螺母时用（　　）。
　　A. 钳口　　　　　B. 齿口　　　　　C. 刀口　　　　　D. 侧口

14. 钢丝钳剪切导线时用（　　）。
　　A. 钳口　　　　　B. 齿口　　　　　C. 刀口　　　　　D. 侧口

15. 钢丝钳侧切钢丝时用（　　）。
　　A. 钳口　　　　　B. 齿口　　　　　C. 刀口　　　　　D. 侧口

16. 螺丝刀的头部形状和尺寸应与螺钉尾部的（　　）和（　　）相匹配。
　　A. 槽形　　　　　B. 大小　　　　　C. 弧状　　　　　D. 倾斜

17. 电工刀是（　　）或（　　）电工器材的常用工具。
　　A. 紧固　　　　　B. 剥削　　　　　C. 切割　　　　　D. 弯绞

18. 测量各种（　　）和各种（　　）的仪器仪表统称为电工电子测量仪表。
　　A. 电量　　　　　B. 能量　　　　　C. 磁量　　　　　D. 重量

19. 电工仪器仪表可以检查电路中的每一个点的电压、电流、功率的参数和（　　）等是否正常。
　　A. 电能　　　　　B. 电动势　　　　　C. 电源　　　　　D. 波形

20. 指示仪表有指针式电压表、电流表、万用表和（　　）等。
　　A. 电桥　　　　　B. 示波器　　　　　C. 兆欧表　　　　　D. 标准电阻箱

21. 根据使用条件不同，安全电压值有65V，42V，36V和（　　）不同的等级。
　　A. 220V　　　　　B. 110V　　　　　C. 12V　　　　　D. 6V

22. 在潮湿环境中使用可移动的电器，必须采用额定电压为（　　）的低压电器。
　　A. 220V　　　　　B. 65V　　　　　C. 36V　　　　　D. 12V

23. 在潮湿环境中使用，额定电压为220V可移动的电器，其电源必须采用（　　）。
　　A. 电压互感器　　B. 电流互感器　　C. 隔离变压器　　D. 分压器

24. 在金属容器如锅炉、管道内使用可移动的电器，一定要用额定电压为（　　）的低压电器。
　　A. 220V　　　　　B. 65V　　　　　C. 36V　　　　　D. 12V

25. 电流对人体的伤害，按其性质可分为电击和（　　）两种。
　　A. 外伤　　　　　B. 烧伤　　　　　C. 电伤　　　　　D. 烫伤

26. （　　）的工频电流通过人体时，就会有生命危险；（　　）的工频电流通过人体时，就足以致命。
　　A. 1mA　　　　　B. 10mA　　　　　C. 50mA　　　　　D. 100mA

27. 触电的原因，可能是人体直接接触带电导体；也可能是绝缘损坏，工作人员接触（　　）而造成。
　　A. 金属外壳　　　　　　　　　　　B. 金属构架
　　C. 金属框架　　　　　　　　　　　D. 带电的金属外壳

28. 如果发现触电者呼吸困难或心跳失常，应立即施行（　　）。

    A．人工呼吸及胸外挤压法　　　　B．静卧观察

    C．心肺复苏　　　　　　　　　　D．立即送医院

29. 发现有人触电而附近没有开关时，可用（　　）把电线切断。

    A．电工钳或电工刀　　　　　　　B．电工钳或铁棒

    C．绝缘手钳或干燥的木棒　　　　D．电工刀或斧头

30. 低压带电作业时，（　　）。

    A．既要戴绝缘手套，又要有人监护　　B．戴有绝缘手套，不要有人监护

    C．有人监护不必戴绝缘手套　　　　　D．不戴绝缘手套，也不要有人监护

三、连线搭配题（每线 4 分，共 20 分）

将下列电工工具及其功能用线条连接起来。

用来剪切、钳夹或弯绞导线、拉剥电线绝缘层和紧固及松螺钉等

用于剥削直径 3mm 或截面积 6mm^2 以下塑料或橡胶绝缘导线的绝缘层

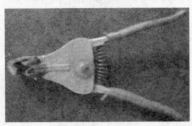
用于剪断细小的导线、金属丝等，用于夹持较小的螺钉、垫圈、导线将导线端头弯曲成所需形状

校验导体和电气设备是否带电

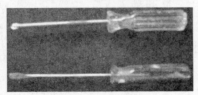
用来紧固和拆卸带一字槽和带十字槽的螺钉

四、案例分析题（共 20 分）

【案例简况】　辛苦忙碌了一年，终于迎来了收获的季节。农民甲把收割下来的稻子拉回脱粒场，准备脱粒。由于自己没有脱粒机，就去找农民乙商量借用脱粒机。在征得农民乙同意后，他没有先拉开闸刀切断电源，就去移动脱粒机。当他手刚抓住拉把时，突然大叫一

声，便倒在地上。农民乙急忙将闸刀拉开，切断电源，但农民甲经抢救无效死亡。

请根据上述案例简况，进行案例分析，并总结案例教训。

【案例分析】

【案例教训】

第二节　技 能 试 题

【试题1】　电工电子实训台（电工电子实验箱）的使用。

要求：按电工电子实训台（电工电子实验箱）的使用手册，准确规范地开启交流电源，调节旋钮使交流输出电压为20V；准确规范地开启直流稳压电源，调节旋钮使直流输出电压为12V。使用完毕后，准确规范地切断电源。

【试题2】　常用电工工具的使用。

要求：用合适的电工工具将一段10cm直径为1～2mm的单股导线弯成直径为4～5mm的圆弧接线鼻子。

第三节　理实一体化试题

一、试题名称

电工电子实训台（电工电子实验箱）的使用。

二、规定用时

30 min。

三、试题内容

选用合适的电工工具给电工电子实训台（电工电子实验箱）的电源线换一个三眼插头，接通电源，准确规范地开启交流电源，调节旋钮使交流输出电压为10V；准确规范地开启直流稳压电源，调节旋钮使直流输出电压为5V。使用完毕后，准确规范地切断电源。

四、仪器和器材

电气插座的安装元器件组件见表1-1。

表1-1　电气插座的安装元器件明细表

序　号	名　　称	型号及规格	单　位	数　量
1	护套线	BLVV-2×2.5mm²	m	1
2	三眼插头	250V/15A	套	1
3	低压验电器	60～500V	只	1
4	尖嘴钳	180mm	把	1
5	剥线钳	180mm	把	1

序　号	名　　称	型号及规格	单　位	数　量
6	钢丝钳	175mm	把	1
7	螺丝刀	一字形	把	1
8	螺丝刀	十字形	把	1

五、方法和步骤

请学生在下面的空格中补全内容。

1．给电源线换一个三眼插头。用＿＿＿＿＿＿将护套线绝缘层剥削。将三根芯线插入三眼插头，用＿＿＿＿＿＿将三根芯线分别安装在合适的接线桩上。

2．接通电源。用＿＿＿＿＿＿检查三眼插座是否有电。若有电，则将电工电子实训台（电工电子实验箱）的电源线电源线插在三眼插座上，开启电源开关，指示灯＿＿＿＿＿＿。

3．开启交流电源，调节旋钮使交流输出电压为 10V。

4．开启直流稳压电源，调节旋钮使直流输出电压为 5V。

5．实训结束，应将电源＿＿＿＿＿＿。

第二章 直流电路

第一节 知识试题

一、判断题（正确的在括号中填上√，错误的在括号中填上×）（每题 1 分，共 30 分）

（　　）1. 电路是由电源、负载、输电导线、控制和保护组件等组成。

（　　）2. 电气符号所代表的就是实际的电子元器件。

（　　）3. 用电气符号组成的电路就称为电原理图，简称为电路图。

（　　）4. 在电路中流动的多数是带负电荷的自由电子，而习惯上规定以正电荷流动的方向为电流的正方向，与自由电子流动的实际方向相反。

（　　）5. 大小和方向都不随时间改变的电流称为恒定电流，简称直流，记做 DC。

（　　）6. 大小和方向都随时间变化的电流称为交变电流，简称交流，记做 AC。

（　　）7. 电流的"参考方向"是可以任意选定的，当然也可以任意改变的。

（　　）8. 电压的实际方向是由高电位点指向低电位点。

（　　）9. 电路中两点间的电压，就是该两点的电位之差。

（　　）10. 电路中某两点之间的电压与参考电位的选取有关。

（　　）11. 如果选定电流的参考方向与电压的参考方向一致，则把电流和电压的这种参考方向称为关联参考方向，简称关联方向。

（　　）12. 外力将单位正电荷由正极移向负极所做的功定义为电源电动势。

（　　）13. 电流在单位时间内做的功称电功率，简称为功率。

（　　）14. 按导电性能来分，自然界的材料可分为导体、半导体和绝缘体。

（　　）15. 同一金属导体，若长度增加 1 倍，截面积增加 1 倍，则导体电阻增加 4 倍。

（　　）16. 电阻器按结构不同，可分为固定电阻器和可调电阻器（即电位器），电位器在电路中常用来调节各种电压或信号的大小。

（　　）17. 电阻器按导电材料不同，可分为碳膜、金属膜、金属氧化膜、线绕和有机合成电阻器。

（　　）18. 电阻器的型号是由主称、材料、特征分类和序号四个部分组成。

（　　）19. 电阻器的标称阻值的表示方法有直标法、文字符号法、数码表示法和色环法。

（　　）20. 用万用表的欧姆挡检测电阻器的标称阻值时，每次换挡都要调零。

（　　）21. 由一段无源支路欧姆定律公式 $R=U/I$ 可知，电阻 R 的大小与电压有关。

（　　）22. 任何时刻电阻组件只能从电路中吸收电能，所以电阻组件是耗能组件。

（　　）23. 内电阻越小的电源，其外特性越接近于水平直线，则带负载能力越强。

（　　）24. 在一个闭合电路中，电流的大小只与电源电动势、负载的大小有关，与电源内阻无关。

（　　）25. 在电阻分压电路中，电阻值越大，其两端分得的电压就越大。

（　　）26. 并联电阻起分流作用，阻值差别越大则分流作用越明显。

（　）27．电流表要与被测电路并联。

（　）28．万用表使用后，转换开关可置于任意位置。

（　）29．在测量电路的电压时，应将电压表与被测电路并联。

（　）30．当用电流表测量直流电流时，若电流表指针反向偏转，表示电路中电流的实际方向为从电流表的负极流向正极。说明电流表正负极接反了，有可能损坏仪表。

二、选择题（在括号中填上所选答案的字母）（每题1分，共30分）

1．一般规定（　　）定向移动的方向为电流的方向。

    A．正电荷   B．负电荷   C．电荷   D．正电荷或负电荷

2．电流的国际单位是（　　）。

    A．kA   B．A   C．mA   D．μA

3．电位是（　　），随参考点的改变而改变；而电压是绝对量，不随参考点的改变而改变。

    A．衡量   B．变量   C．绝对量   D．相对量

4．电阻器反映导体对（　　）起阻碍作用的大小，简称电阻。

    A．电压   B．电动势   C．电流   D．电阻率

5．有一只电阻器的型号是 RJ71—0.125—5.1kI，则这只电阻器是额定功率为 0.125W，标称阻值为 5.1kΩ，误差5%的普通（　　）精密电阻器。

    A．碳膜   B．金属膜   C．金属氧化膜   D．合成膜

6．有一只电阻器其色环自左向右为金色、橙色、紫色和红色，则该电阻器的阻值为（　　），偏差为（　　）。

    A．2.7kΩ   B．27kΩ   C．±5%   D．±10%

7．下列电源中，不属于直流电源的是（　　）。

    A．碱性电池   B．镍镉电池   C．锂电池   D．市网电源

8．按电路中流过的电流种类，可把电路分为（　　）。

    A．低频电路和微波电路   B．直流电路和交流电路

    C．视频电路和音频电路   D．电池电路和发电机电路

9．下列对电流的叙述，错误的是（　　）。

    A．在电场力的作用下，自由电子做有规则的运动称为电流

    B．正电荷定向移动的方向称为电流的正方向

    C．自由电子定向移动的方向称为电流的正方向

    D．单位时间内通过导体横截面的电荷量称为电流强度

10．同一温度下，相同规格的4段导线，电阻最小的是（　　）。

    A．银   B．铜

    C．铝   D．铁

11．如图 2-1 所示的电路中，已知 $R=100\Omega$，$I=200\text{mA}$，则电阻上的压降是（　　）。

    A．20V   B．20000V   C．200V   D．无法计算

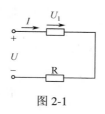

图 2-1

12. 下列对电压的叙述, 错误的是 (　　)。

　　A. 在电场中, 将单位正电荷由高电位移向低电位点时, 电场力所做的功

　　B. 电压的单位是伏特

　　C. 电压就是电位

　　D. 电压就是电场中任意两点间的电位差

13. 基尔霍夫电流定律的数学表达式为 (　　)。

　　A. $I = U/R$　　　　　　　　　　B. $\Sigma I \cdot R = 0$

　　C. $\Sigma U = 0$　　　　　　　　　　D. $\Sigma I = 0$

14. 基尔霍夫电流定律指出, 流经电路中任何一节点的电流 (　　)。

　　A. 代数和等于零　　　　　　　　B. 矢量和等于零

　　C. 代数和大于零　　　　　　　　D. 矢量和大于零

15. 基尔霍夫电压定律指出, 任何时刻任意一个闭合回路中各段电压的 (　　)。

　　A. 代数和等于零　　　　　　　　B. 矢量和等于零

　　C. 代数和大于零　　　　　　　　D. 矢量和大于零

16. 任何一个电路都可能具有 (　　) 3 种状态。

　　A. 通路、断路和短路　　　　　　B. 高压、低压和无线

　　C. 高电平、低电平、高阻态　　　D. 低频、高频和短波

17. 下列有关电阻串联的叙述, 错误的是 (　　)。

　　A. 电阻串联, 总电阻比串联电路中最大的一只电阻还要大

　　B. 电阻串联, 总电阻比串联电路中最大的一只电阻还要小

　　C. 串联电路中, 各串联组件通过的电流相等

　　D. 电阻串联时, 各串联电阻两端的电压与电阻成正比, 各串联电阻消耗的电功率与电阻成反比。

18. 如图 2-2 所示电路中, 每只电阻均为 1Ω, AB 间的等效电阻为 (　　) Ω。

　　A. 1.5　　　　B. 0.33　　　　C. 2　　　　D. 3

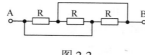

图 2-2

19. 下列有关电阻并联电路的叙述, 错误的是 (　　)。

　　A. 在电阻并联电路中, 端电压相等, 通过电阻的电流与电阻值成反比

　　B. 在电阻并联电路中, 各电阻消耗的电功率与电阻值成反比

C．在电阻并联电路中，任意并联支路出现断路故障，其他支路也将无电流

D．在电阻并联电路中，电阻消耗的总功率，等于各支路消耗的功率之和

20．160V 的恒压源向额定值为"60W/60V"的负载供电，欲使负载额定工作，需串联的分压电阻为（　　　）。

  A．50Ω   B．100Ω   C．150Ω   D．200Ω

21．下列对电位的叙述，正确的是（　　　）。

  A．电路中某点的电位就是该点到电源正极间的电压

  B．电路中某点的电位就是该点到电源负极间的电压

  C．电路中某点的电位就是该点到机箱外壳间的电压

  D．在电路中选一点作为参考点，则电路中某点的电位就是该点到参考点之间的电压

22．如图 2-3 所示电路中，R_X=（　　　）。

  A．90Ω   B．60Ω   C．30Ω   D．24Ω

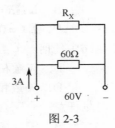

图 2-3

23．如图 2-4 所示，回答下列问题：

（1）电灯 L_1 和 L_2 是（　　　）。

  A．串联   B．并联   C．混联   D．不能确定

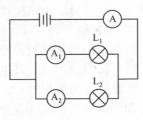

图 2-4

（2）如果从每盏电灯通过的电流都是 0.3A，那么电流表 A 的读数应为（　　　）。

  A．0.3A   B．0.6A

  C．0A   D．不能确定

24．在电路中若用导线将负载短路，则负载中的电流（　　　）。

  A．为零   B．与短路前一样大

  C．为很大的短路电流 D．略有减小

25．与参考点有关的物理量是（　　　）。

  A．电流   B．电压   C．电位   D．电动势

26．电源的端电压等于电源电动势，这一结论适用于电路处于（　　　）。

  A．开路状态 B．通路状态 C．短路状态 D．任何状态

27．用指针式万用表的欧姆挡检测电阻器时，应尽量使指针指到零刻度到全量程的（ ）这一段上，这时所测的值才准确。

    A．1/3   B．1/2   C．2/3   D．3/4

28．用指针式万用表的欧姆挡检测电阻器时，每次换挡时都要进行（ ），否则测量值不准确。

    A．调零   B．机械调零   C．电气调零   D．调电位器

29．测量电流时电流表必须和负载或被测电路（ ）。

    A．串联   B．并联   C．混联   D．串并联

30．测量电压时，电压表必须（ ）在负载或被测电路两端。

    A．串联   B．并联   C．混联   D．串并联

三、填空题（每行 3 分，共 15 分）

根据表 2-1 所示的电阻器的标记，将电阻器的名称、标称阻值、偏差和额定功率等参数填入表中（如不能确定某个参数，可以空格不填）。

表 2-1　电阻器的参数

电阻器的标记	名　称	标 称 阻 值	偏　差	额 定 功 率
RT–0.5 1k5M				
RT–0.5 222J				
RJ1W 5.1kΩ±5% 89.2				
黄 紫 棕 银				
1R5				

四、计算题（共 25 分）

1．如图 2-5 所示，求各电路的电流 I_s。（共 8 分）

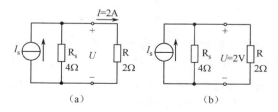

（a）   （b）

图 2-5

2．如图 2-6 所示，求下列各电路的入端电阻 R_{AB}。（共 8 分）

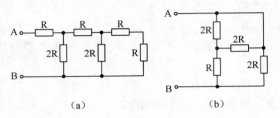

图 2-6

3．如图 2-7 所示，设电路中 O 点为零参考点，$R_1=6\Omega$，$R_2=2\Omega$，$R_3=9\Omega$，$R_4=3\Omega$，$U_S=24V$，求 A，B 两点的电位 U_A，U_B，并求电流 $I=$？（共 9 分）

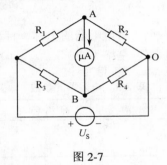

图 2-7

第二节　技能试题

【试题 1】　根据教师提供的 5 只不同型号、不同阻值的电阻器的标记，将电阻器的名称、标称阻值、偏差和额定功率等参数填入表 2-2 中（如不能确定某个参数，可以空格不填）。

表 2-2　电阻器的参数

电阻器的标记	名　　称	标 称 阻 值	偏　　差	额 定 功 率
电阻器 1				
电阻器 2				
电阻器 3				
电阻器 4				
电阻器 5				

【试题 2】　万用表的使用。

要求：用万用表进行检测，将检测的结果分别填入表 2-3 中。

（1）测电阻。根据教师提供的 5 只不同型号、不同阻值的电阻器，先根据电阻器的标记，将电阻器的标称阻值填入表中理论值一栏，然后将实测值填入表 2-3 中。

（2）根据教师提供的 2 个直流电源，测直流电压。

（3）根据教师提供的 2 个交流电源，测交流电压。

表2-3 电阻、电压的测量

测量项目		万用表量程挡	理 论 值	测 量 值
电阻	电阻器1			
	电阻器2			
	电阻器3			
	电阻器4			
	电阻器5			
电压	直流电压1			
	直流电压2			
	交流电压1			
	交流电压2			

第三节 理实一体化试题

一、试题名称

电桥电路的组装和测试。

二、规定用时

30 min。

三、试题内容

在电工电子实训台(电工电子实验箱)搭接如图2-8所示的电桥电路,其电源电压 $U_S=10V$。分别测量各支路的电流 I_1,I_2,I_3,I_4,I_5,I_6 和各段电压 U_{AB},U_{BC},U_{CD},U_{DA},U_{BD},并分析它们之间的关系。

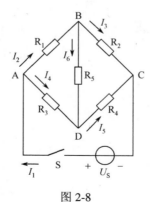

图 2-8

四、电原理图

电原理图如图2-8所示。

五、仪器和器材

电桥电路元件参见表2-4。

表2-4 电桥电路元器件明细表

代　号	名　　称	型号及规格	单　位	数　量
R_1	电阻器	RTX-0.25-300Ω±5%	只	1
R_2	电阻器	RTX-0.25-100Ω±5%	只	1
R_3	电阻器	RTX-0.25-100Ω±5%	只	1
R_4	电阻器	RTX-0.25-200Ω±5%	只	1
R_5	电阻器	RTX-0.25-100Ω±5%	只	1
U_S	直流电源	10V		
S	开关		个	1

六、方法和步骤　　请学生在下面的空格中填写。

1. 合上开关 S 接通电源,分别测量各支路的电流 I_1,I_2,I_3,I_4,I_5,I_6。$I_1=$_____,$I_2=$_____,$I_3=$_____,$I_4=$_____,$I_5=$_____,$I_6=$_____。对 A 节点,I_1,I_2,I_4 的关系有_____,基本符合_____定律;对 B 节点,I_2,I_3,I_6 的关系有_____,基本符合_____定律;对 C 节点,I_1,I_3,I_5 的关系有_____,基本符合_____定律;对 D 节点,I_4,I_5,I_6 的关系有_____,基本符合_____定律。

2. 合上开关 S 接通电源,分别测量各段电压 U_{AB},U_{BC},U_{CD},U_{DA},U_{BD}。$U_{AB}=$_____;$U_{BC}=$_____;$U_{CD}=$_____;$U_{DA}=$_____;$U_{BD}=$_____。对回路 ABD,U_{AB},U_{BD},U_{DA} 的关系有_____,基本符合_____定律;对回路 BCD,U_{BC},U_{CD},U_{BD} 的关系有_____,基本符合_____定律;对回路 ABCD,U_{AB},U_{BC},U_{CD},U_{DA} 的关系有_____,基本符合定律;对回路 ABCA,U_{AB},U_{BC} 的关系有_____,基本符合____定律;对回路 ADCA,U_{AD},U_{DC} 的关系有_____,基本符合_____定律。

第三章 磁场及电磁感应

第一节 知 识 试 题

一、判断题（正确的在括号中填上√，错误的在括号中填上×）（每题1分，共30分）

（　　）1. 磁力作用的空间称为磁场。

（　　）2. 磁力线是闭合的曲线，曲线上任意一点的切线方向，即该点的磁场方向。

（　　）3. 通过磁场内某一截面积的磁力线总数称为磁通量，简称磁通。

（　　）4. 通过单位面积的磁力线数目称为磁力线的密度，也称磁通密度或磁感应强度。

（　　）5. 在具有一定安匝数的通电线圈中，放入铁、铜、铝、镍等物质，磁感应强度 B 将大大增强。

（　　）6. 磁通 Φ 和磁感应强度 B 都是与介质无关的物理量。

（　　）7. 磁场强度 H 是一个矢量，是一个与介质无关的物理量。

（　　）8. 磁场强度越强，磁化能力、磁作用能力就越强。

（　　）9. 相对磁导率 μ 是没有量纲的纯数值，从它的大小可以直接看出介质导磁能力的高低。

（　　）10. $\mu_r > 1$ 的物质称为铁磁性物质。

（　　）11. 在相同的条件下，铁芯线圈比空心线圈的磁场要强几百、几千、几万倍。

（　　）12. 电流和磁场有着不可分割的联系，即磁场总是伴随着电流而存在，而电流则永远被磁场包围着。

（　　）13. 载流导体周围的磁场方向与电流方向之间的关系，可用左手螺旋定则来确定。

（　　）14. 当磁场方向和电流方向垂直时，作用在导线上的电磁力 F 的方向可以用左手定则来确定。

（　　）15. 作用在导线上的电磁力 F 的大小与通过导线的电流 I、磁场的磁感应强度 B，以及在磁场中那部分导线的长度 l 成正比。

（　　）16. 利用通电导体在磁场中会受到电磁力的作用的原理，可制成电铃。

（　　）17. 不论是导体运动，还是磁场运动，只要闭合电路的一部分导体切割磁力线，电路中就有电流产生。

（　　）18. 只要穿过电路的磁通发生变化，电路中就有电流产生。

（　　）19. 法拉第电磁感应定律中的负号表示感应电动势的方向永远和原磁通方向相反。

（　　）20. 穿过线圈的磁通量变化率越小，则感应电动势越大。

（　　）21. 当闭合电路中的一部分导线作切割磁力线运动时，感应电流的方向可用右手定则来判定。

（　　）22. 电磁感应过程中，感应电流所产生的磁通总是要反抗原有磁通的变化。

（　　）23．具有铁芯的线圈，其磁场远比非铁芯线圈的磁场强。

（　　）24．利用铁磁性材料增强磁场的原理在于铁磁性物质具有很强的被磁化的特性。

（　　）25．铁磁性物质的磁感应强度 B 随磁场强度 H 变化的曲线称为磁化曲线，又称 B-H 曲线。

（　　）26．工程上应用的铁磁材料按磁性能和用途可分为软磁性材料、硬磁性材料和矩磁性材料 3 类。

（　　）26．为了减小涡流造成的能量损耗，交流电动机、变压器的铁芯一般都用硅钢片叠成。

（　　）27．磁通经过的闭合路径叫做磁路。

（　　）28．在无分支磁路中，通过每一个横截面积的磁通都相等。

（　　）29．磁力线在电动机空气隙处是断开的。

（　　）30．电动机的空气隙长度虽然很短，但磁位差主要降落在电动机的空气隙上。

二、选择题（在括号中填上所选答案的字母）（每题 1 分，共 30 分）

1．通过磁场内某一截面积的磁力线总数称为（　　）。
　　A．磁通量　　　　B．磁通密度　　　C．磁力线的密度　　D．磁感应强度

2．通过与磁力线（　　）方向的单位面积的磁力线数目称为磁感应强度。
　　A．平行　　　　　B．垂直　　　　　C．相交　　　　　　D．相切

3．铁磁性物质有铁、钴、（　　）等。
　　A．铜　　　　　　B．银　　　　　　C．镍　　　　　　　D．铂

4．顺磁性物质有铝、空气、（　　）等。
　　A．铜　　　　　　B．银　　　　　　C．镍　　　　　　　D．铂

5．反磁性物质有塑料、橡胶、（　　）和（　　）等。
　　A．铜　　　　　　B．银　　　　　　C．镍　　　　　　　D．铂

6．载流导体周围的磁场方向与产生该磁场的电流方向之间的关系，可用（　　）来确定。
　　A．左手定则　　　B．右手定则　　　C．左手螺旋定则　　D．右手螺旋定则

7．电磁力的方向可以用（　　）来确定。
　　A．左手定则　　　B．右手定则　　　C．左手螺旋定则　　D．右手螺旋定则

8．电磁铁的应用十分广泛，如电磁开关、电磁起重机和（　　），都利用了电磁铁。
　　A．变压器　　　　B．电动机　　　　C．电铃　　　　　　D．电磁灶

9．作用在导线上的（　　），都利用了电磁铁。
　　A．变压器　　　　B．电动机　　　　C．电铃　　　　　　D．电磁灶

10．作用在导线上的电磁力 F 的大小与通过导线的电流 I、磁场的磁感应强度 B，以及在磁场中那部分导线的长度 l 成（　　）。
　　A．正比　　　　　B．反比　　　　　C．相等　　　　　　D．相反

11．若电流方向与磁场方向成 α 角，则作用在导线上的电磁力 F 的大小与通过导线的电流 I、磁场的磁感应强度 B，以及在磁场中那部分导线的长度 l 的关系是（　　）。
　　A．BIl　　　　　B．$BIl\cos\alpha$　　C．$BIl\sin\alpha$　　　D．$BIl\tan\alpha$

12．利用通电导体在磁场中会受到电磁力的作用的原理，可制成磁电式仪表、兆欧表、直流电动机、交流电动机、（　　）等电工电子仪表和设备。

  A．电铃   B．扬声器   C．电磁铁   D．电磁灶

13．只要闭合电路的一部分导体切割（　　），电路中就有感应电流产生。

  A．电力线   B．磁力线   C．电线   D．电热丝

14．只要穿过闭合电路的（　　）发生变化，闭合电路中就有感应电流产生。

  A．磁通   B．磁通密度   C．磁力线的密度   D．磁感应强度

15．当闭合电路中的一部分导线作切割磁力线运动时，感应电流的方向可用（　　）来判定。

  A．左手定则   B．右手定则   C．左手螺旋定则   D．右手螺旋定则

16．电磁感应过程中，感应电流所产生的磁通总是要反抗原有（　　）的变化。

  A．磁通   B．磁通密度   C．磁力线的密度   D．磁感应强度

17．用（　　）和楞次定律判断感应电流的方向，其结果是相同的。

  A．左手定则   B．右手定则   C．左手螺旋定则   D．右手螺旋定则

18．当通过导电回路所包围的面积中的（　　）发生变化时就会在该导电回路中产生感应电动势。

  A．磁通   B．磁通密度   C．磁力线的密度   D．磁感应强度

19．变化的电流产生变化的（　　），磁场变化又产生（　　），这就是所谓的"动电生磁"和"磁动生电"。

  A．磁场   B．磁通   C．感应电动势   D．感应电流

20．变压器、发电机和（　　）都利用了电磁感应原理。

  A．动圈式话筒 B．扬声器   C．电磁铁   D．电动机

21．利用铁磁性材料增强磁场的原理在于铁磁性物质具有很强的（　　）。

  A．磁性   B．吸引力   C．被磁化特性   D．磁导率

22．铁磁性物质的磁感应强度 B 随磁场强度 H 变化的曲线称为（　　）。

  A．磁滞曲线   B．磁化曲线   C．磁滞回线   D．磁力线

23．铁磁物质在反复磁化的过程中，磁感应强度 B 变化落后于磁场强度 H 变化的现象称为（　　）。

  A．磁畴   B．磁滞   C．剩磁   D．磁力

24．铁磁材料按磁性能和用途可分为软磁材料、硬磁材料和（　　）三类。

  A．顺磁材料 B．反磁材料 C．矩磁材料   D．非磁材料

25．涡流损耗与磁滞损失合称为（　　）。

  A．铜损   B．铁损   C．磁损   D．涡损

26．高频感应电炉是利用在金属中激起的（　　）来加热或冶炼金属。

  A．电流   B．涡流   C．感应电动势   D．电压

27．当线圈中通过电流后，大部分磁力线沿铁芯、衔铁和空气隙构成回路，这部分磁通称为（　　）。

  A．主磁通   B．漏磁通   C．剩磁通   D．超磁通

28．磁路中常用的物理量有磁通势 F_m、磁位差 U_m 和（　　　）。

    A．电阻　　　　　　　B．磁阻　　　　　　　C．磁通　　　　　　　D．磁链

29．通过磁路的磁通与磁通势成（　　），与磁阻成（　　）。

    A．正比　　　　　　　B．反比　　　　　　　C．正交　　　　　　　D．正切

30．某磁路段的磁阻 R_m 与该路段长度成（　　），与磁路截面积 S 成（　　），且磁导率（　　），磁阻（　　）。

    A．正比　　　　　　　B．反比　　　　　　　C．越大　　　　　　　D．越小

三、分析题（共 40 分）

    变压器是利用了电磁感应原理，把某一电压的交流电能变换成同频率的另一电压交流电能的电器设备。如图 3-1 所示为变压器的原理图，它由铁芯和两个绕组 AX 和 xa 组成。当一次绕组 AX 中通电流 I_1 时，在铁芯中建立磁通 Φ，这个磁通 Φ 既与绕组 AX 交链，又与绕组 xa 交链。当电流 I_1 变化，则会引起磁通 Φ 的变化。而磁通 Φ 的变化，则可在二次绕组 xa 中产生感应电动势 E_2。如果二次绕组构成一个闭合回路，则可在这个闭合回路中产生感应电流 I_2。如果电流 I_1 的方向如图所示，请在图中标出磁通 Φ、感应电动势 E_2、负载电压 U_2 的方向，并说明各应用了什么定理和定律。

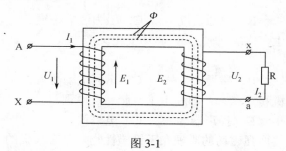

图 3-1

第二节　技　能　试　题

【试题1】　　如图 3-2 所示，若使两个磁极产生图中所示的极性，在使用同一个电源的情况下，线圈 1，2 和 3，4 应怎样连接起来，有几种连接方案？

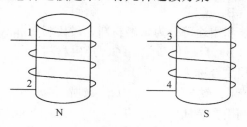

图 3-2

【试题2】　　判断如图 3-3 所示各回路感应电流的方向。

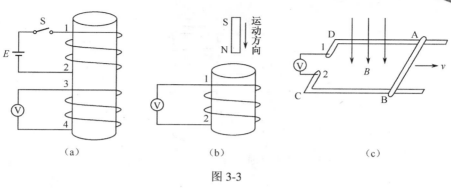

（a） （b） （c）

图 3-3

第三节 理实一体化试题

一、试题名称

感应电动势的测定。

二、规定用时

30 min。

三、试题内容

分别测定磁铁在线圈中运动产生的感应电动势、导线切割磁力线产生的感应电动势和电源接通或断开产生的感应电动势。

四、电原理图

电原理图如图 3-4～图 3-6 所示。

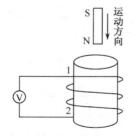

图 3-4 磁铁在线圈中运动产生的感应电动势

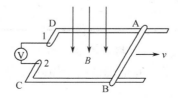

图 3-5 导线切割磁力线产生的感应电动势

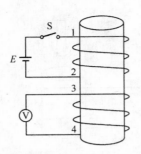

图 3-6　电源接通或断开产生的感应电动势

五、仪器和器材

元件参见表 3-1。

表 3-1　感应电动势的测定元器件明细表

代　号	名　　称	型号及规格	单　位	数　量
	条形磁铁		只	1
	单绕组线圈		只	1
	双绕组线圈		只	1
	直流电压表（0～15 V）		只	1
	万用表		只	1
	线框		只	1
S	开关		个	1

六、方法和步骤

1. 简述法拉第电磁感应定律＿＿＿＿＿＿＿＿＿＿＿＿＿＿＿＿＿＿＿＿＿＿＿＿；
楞次定律＿＿＿＿＿＿＿＿＿＿＿＿＿＿＿＿＿＿＿＿＿＿＿＿＿＿＿＿＿＿＿＿。

2. 电压表和线圈按图 3-4 接线后，将磁铁按表 3-2 要求插入或抽出，观察电压表指示的感应电动势的极性和大小，并把观察结果填入表中。

表 3-2　磁铁在线圈中运动产生的感应电动势

磁铁运动方式	感应电动势		
	正极端子号	负极端子号	大小
磁铁 N 极向下插入线圈			
磁铁 N 极向上抽出线圈			
磁铁 S 极向下插入线圈			
磁铁 S 极向上抽出线圈			

3. 电压表和线框按图 3-5 接线后，将导线 AB 按表 3-3 要求向左或向右移动，观察电压表指示的感应电动势的极性和大小，并把观察结果填入表中。

表 3-3　导线切割磁力线产生的感应电动势

导线 AB 运动方式	感应电动势		
	正极端子号	负极端子号	大小
导线 AB 向左运动			
导线 AB 向右运动			

4．电压表和线圈按图 3-6 接线后，将开关 S 按表 3-4 要求接通或断开，观察电压表指示的感应电动势的极性和大小，并把观察结果填入表中。

表 3-4　电源接通或断开产生的感应电动势

开关 S 动作方式	感应电动势		
	正极端子号	负极端子号	大小
开关 S 接通			
开关 S 断开			

第四章 电容和电感

第一节 知 识 试 题

一、判断题（正确的在括号中填上√，错误的在括号中填上×）（每题1分，共30分）

（　　）1. 电容器是存储电流的容器。

（　　）2. 电容组件是储存磁场能量的理想组件。

（　　）3. 实际的电容组件大都是由两条金属箔（或金属膜）中间隔以空气、纸、云母、塑料薄膜或陶瓷等绝缘物质构成。

（　　）4. 在直流电路中，电容组件相当于开路。

（　　）5. 电容组件储存的电场能量与电容两端电压的平方成正比。

（　　）6. 使电容器带电的过程叫做充电，充电后的电容器失去电荷的过程叫做放电。

（　　）7. 当电容器极板上所储存的电荷量恒定不变时，电容器中就没有电流流过。

（　　）8. 当电容器极板上所储存的电荷量发生变化（增加或减少）时，电容器中就有电流流过。

（　　）9. 充电电流能穿过电容器，从一个极板到达另一个极板。

（　　）10. 电容器具有隔直流、通交流作用。

（　　）11. 电容器带电多电容就大，带电少电容就小，不带电则没有电容。

（　　）12. 电解电容器有正、负极，使用时负极接高电位，正极接低电位。

（　　）13. 电容器的主要参数有标称容量、允许误差和工作电压。

（　　）14. 电容器的型号由主称、材料、特征分类和序号四部分组成。

（　　）15. 电容器可分为固定电容器和可变电容器2类。

（　　）16. 电容器电容的允许误差，按其精度分为±5%（Ⅰ级）、±10%（Ⅱ级）和±20%（Ⅲ级）三级（不包括电解电容器）。

（　　）17. 电容器标称容量的标示方法有直标法、文字符号法、数码表示法和色标法。

（　　）18. 一般电容器被击穿后，它的介质就从原来不导电变成导电，介质不再绝缘，该电容器也就不能再使用了。

（　　）19. 用指针式万用表的电阻挡来判别较大容量的电容器的质量时，如果电容器的漏电很大，则指针所指出的电阻数值即表示该电容器的漏电阻值。

（　　）20. 电感器是存储磁力线的容器。

（　　）21. 电感组件是储存电场能量的理想组件。

（　　）22. 纯电感在直流电路中相当于短路。

（　　）23. 电感器具有通直流、阻交流作用。

（　　）24. 自感电动势的大小只与电流变化快慢有关。

（　　）25. 线性电感组件的端电压与电流成正比。

（　　）26．自感系数的大小与穿过线圈的磁链的变化率成正比。

（　　）27．自感系数的大小与电流成反比。

（　　）28．当电感组件中的电流不为零时，就有磁场存在。电流越大，磁场也就越强。

（　　）29．电感组件储存的磁场能量与流经它的电流的平方成正比。

（　　）30．电感组件本身并不消耗能量，只存储能量，因而它是一种储能组件。

二、选择题（在括号中填上所选答案的字母）（每题 1 分，共 30 分）

1．电容器是存储（　　）的容器。

    A．电压　　　　　　B．电流　　　　　　C．电荷　　　　　　D．电位

2．电容组件是储存（　　）能量的理想组件。

    A．磁场　　　　　　B．电场　　　　　　C．电磁场　　　　　D．引力场

3．实际的电容组件大都是由两条金属箔（或金属膜）中间隔以空气、纸、云母、塑料薄膜或陶瓷等（　　）物质构成。

    A．导体　　　　　　B．半导体　　　　　C．绝缘体　　　　　D．超导体

4．对平板电容器来说，其极板间的距离越小，电容量（　　）。

    A．越大　　　　　　B．越恒定　　　　　C．越小　　　　　　D．越不稳定

5．在国际单位制中，电容的单位是（　　）。

    A．欧姆（Ω）　　　B．法拉（F）　　　C．亨利（H）　　　D．焦耳（J）

6．在直流电路中，电容组件相当于（　　）。

    A．短路　　　　　　B．开路　　　　　　C．通路　　　　　　D．上路

7．在交流电路中，电容组件相当于（　　）。

    A．短路　　　　　　B．开路　　　　　　C．通路　　　　　　D．上路

8．电容组件具有（　　）特性。

    A．在直流中相当于短路　　　　　　B．在直流中相当于开路

    C．通高频、阻低频　　　　　　　　D．通低频、阻高频

    E．频率越高，电流越容易通过

9．型号为 CD11 的电容器是（　　）。

    A．箔式电容器　　　　　　　　　　B．铝电容器

    C．电解电容器　　　　　　　　　　D．铝电解电容器

10．型号为 CC11 的电容器是（　　）。

    A．圆片电容器　　　　　　　　　　B．瓷介质电容器

    C．圆片瓷介质电容器　　　　　　　D．国产电容器

11．电容器的选用原则是（　　）要满足要求、性能要稳定、漏电和损耗尽可能小。

    A．电容量　　　　　B．耐压　　　　　　C．电流　　　　　　D．功率

12．用指针式万用表的电阻挡来判别较大容量的电容器的质量，其原理是利用电容器的（　　）作用。

    A．存储电荷　　　　B．隔直通交　　　　C．充放电　　　　　D．储能

13. 用指针式万用表的电阻挡来判别较大容量的电容器的质量时，将表棒分别与电容器两端接触，若指针有一定的偏转并很快回到接近于起始位置，说明（　　）。

    A．质量很好、漏电很小　　　　　　B．电容器内部开路

    C．质量很差、漏电很大　　　　　　D．电容器内部短路

14. 用指针式万用表的电阻挡来判别较大容量的电容器的质量时，如果指针偏转到零欧位置之间之后不再回去，则说明这只电容器内部可能已经（　　）。

    A．短路　　　　　B．开路　　　　　C．通路　　　　　D．上路

15. 用指针式万用表的电阻挡来判别较大容量的电容器的质量时，如果指针根本无偏转，则说明这只电容器内部可能已经（　　）。

    A．短路　　　　　B．开路　　　　　C．通路　　　　　D．上路

16. 用数字式万用表测量电容器的电容量的方法是将功能量程选择开关旋到（　　）区域适当的量程挡，将电源开关按下，并将被测电容的两引脚插入面板的（　　）插座，即可测量电容值。

    A．CAP　　　　　B．ACV　　　　　C．CX　　　　　D．DCV

17. 自感电动势总是阻碍导体中原来（　　）的变化。

    A．电压　　　　　B．电流　　　　　C．电荷　　　　　D．电功率

18. 自感电动势的大小（　　）电流的变化率。

    A．等于　　　　　B．小于　　　　　C．正比于　　　　　D．反比于

19. 线性电感组件的端电压 u 与（　　）成正比。

    A．电流　　　　　B．电流的变化率　　　　　C．磁通　　　　　D．磁链

20. 一个线圈中通过每单位电流所能产生的（　　）叫做该线圈的电感。

    A．电压　　　　　B．电流的变化率　　　　　C．磁通　　　　　D．磁链

21. 一个线圈的电感量可以用（　　）来测量。

    A．万用表　　　　　B．电桥　　　　　C．示波器　　　　　D．Q 表

22. 当电感组件中的电流不为零时，就有（　　）存在。

    A．电压　　　　　B．功率　　　　　C．电荷　　　　　D．磁场

23. 电感组件的伏安特性表达式为（　　）。

    A．$u = -e_L = -L\dfrac{\Delta i}{\Delta t}$　　　　　　　　　　B．$u = -e_L = L\dfrac{\Delta t}{\Delta i}$

    C．$u = e_L = L\dfrac{\Delta i}{\Delta t}$　　　　　　　　　　D．$u = -e_L = L\dfrac{\Delta i}{\Delta t}$

24. 线性电感组件是指电感量为（　　）的电感。

    A．整数　　　　　B．常数　　　　　C．变数　　　　　D．自然数

25. 电感组件是储存（　　）能量的理想组件。

    A．磁场　　　　　B．电场　　　　　C．电磁场　　　　　D．引力场

26. 电感器的类型有固定电感器、片式叠层电感器、（　　）电感器、高频电感线圈，以及各种专用电感器。

    A．线性　　　　　B．平面　　　　　C．集成　　　　　D．可变

27. 电感组件具有（　　　）特性。

    A．在直流中相当于短路　　　　　　　　B．在直流中相当于开路

    C．通高频、阻低频　　　　　　　　　　D．通低频、阻高频

    E．感抗与频率有关，与电感系数有关

28．在国际单位制中，电感的单位是（　　　）。

    A．欧姆（Ω）　　　B．法拉（F）　　　C．亨利（H）　　　D．焦耳（J）

29．用指针式万用表的电阻挡来判别电感器的质量时，如果指针根本无偏转，则说明这只电感器内部可能已经（　　　）。

    A．短路　　　　　　B．开路　　　　　　C．通路　　　　　　D．上路

30．若电感器出现匝间短路，只能使用数字表准确测量其（　　　），并与相同型号的电感器进行比较，才能作出准确判断。

    A．电流　　　　　　B．电压　　　　　　C．电阻　　　　　　D．功率

三、填空题（每格2分，共30分）

1．写出下列各型号电容器的名称、材料和特征。

    CC1-3 是_____电容器；

    CD11 是_____电容器；

    CT1-3_____电容器。

2．写出下列各文字符号的组合表示的电容器的电容量。

    P82=_____pF；

    6n8=_____pF；

    2μ2=_____μF。

3．写出下列各数码表示的电容器的电容量和偏差。

    102J=_____pF，允许偏差为_____；

    103J=_____μF，允许偏差为_____；

    204K=_____μF，允许偏差为_____。

4．写出下列各型号电容器的名称、材料、特征、额定直流工作电压、标称容量。

    CT1-3-160-2200 是_____电容器；

    CT4-1-100-0.01μF_____电容器；

    CD11-16-22μF_____电容器。

四、分析题（共10分）

1．有一电容器，其耐压为220V，问能否接到电压为220V的民用电电路中？

2．有三只电容量为200μF、额定电压为50V的电解电容器组成一个串联电容组，则这个串联电容组的等效电容量为多大？如果把这个串联电容组接到120V的直流电源上工作是否安全？

第二节　技 能 试 题

【试题1】　根据表4-1所示的电容器的标记，将电容器的名称、标称容量、额定电压和

图形符号等参数填入表（如不能确定，某些参数可以空格不填）。

表4-1 电容器的名称、参数和符号

电容器的标记	名　称	标称容量	额定电压	图形符号
250pF±10% U。=500				
CD26 25V 2200μF				
0.01 63V				
270pF				

【试题2】 根据表4-2所示的电感器的标记，将电感器的名称、标称电感量和图形符号填入表中（如不能确定，某些参数可以空格不填）。

表4-2 电感器的名称、参数和符号

电感器的标记	名　称	标称电感量	图形符号
100μH			
1mH			
82μH			
3.3mH			

续表

电感器的标记	名 称	标称电感量	图 形 符 号

第三节 理实一体化试题

一、试题名称

电容和电感的识别和测试。

二、规定用时

30 min。

三、试题内容：

1. 根据教师提供的 5 只不同型号、不同电容量的电容器，将电容器的名称、标称容量、允许偏差和额定电压等参数填入表 4-3 中。然后用万用表进行检测，将测试结果也填入表中。

表 4-3 电容器的参数

电 容 器	名 称	标 称 容 量	允 许 偏 差	额 定 电 压	表头指针偏转情况	质 量 分 析
电容器 1						
电容器 2						
电容器 3						
电容器 4						
电容器 5						

2. 根据教师提供的 5 只不同型号、不同电感量的电感器，将电感器的名称、标称电感量和图形符号填入表 4-4 中。然后用万用表进行检测，将测试结果也填入表中。

表 4-4 电感器的参数

电 感 器	名 称	标称电感量	图 形 符 号	表头指针偏转情况	质 量 分 析
电感器 1					
电感器 2					
电感器 3					
电感器 4					
电感器 5					

第五章　单相正弦交流电路

第一节　知 识 试 题

一、判断题（正确的在括号中填上√，错误的在括号中填上×）（每题 1 分，共 30 分）

（　　）1．正弦信号一定是周期性交流信号。

（　　）2．正弦交流电的最大值等于平均值的 $\sqrt{2}$ 倍。

（　　）3．正弦交流电的最大值也是瞬时值。

（　　）4．正弦交流电在变化的过程中，有效值也发生变化。

（　　）5．正弦信号中频率越高角频率越大。

（　　）6．正弦交流电的有效值是指在半个周期内所有瞬时值的平均值。

（　　）7．正弦量的相位和初相位与计时起点的选择无关。

（　　）8．正弦量的有效值与初相位无关。

（　　）9．两个不同频率正弦量相位差等于两正弦量的初相位之差。

（　　）10．两个同频率正弦量相位关系与它们的振幅大小无关。

（　　）11．我国交流电的周期是 50s。

（　　）12．同相位的两个正弦量它们的振幅值一定相等。

（　　）13．两个同频率正弦量的相位差与计时起点的选择无关。

（　　）14．交流电路中，流经任意节点的电流的代数和恒等于零，即 $\Sigma I=0$。

（　　）15．交流电路中，基尔霍夫电压定律和电流定律写成瞬时值表达形式、有效值表达形式或相量表达形式均成立。

（　　）16．按已选定的参考方向，电流 $i=10\sin(314t-60°)$A，若把参考方向选取成相反方向，则该解析式不变。

（　　）17．只有同频率的正弦量才能用相量运算。

（　　）18．相量等于正弦量的解析式。

（　　）19．自感电动势的大小只与电流变化快慢有关。

（　　）20．在纯电感单相交流电路中，电压超前电流 90°相位角；在纯电容单相交流电路中，电压滞后电流 90°相位角。

（　　）21．纯电感在直流电路中相当于短路。

（　　）22．电容两端的电压超前电流 90°相位角。

（　　）23．电容器具有隔直流、通交流作用。

（　　）24．一个二端网络，其电压和电流的最大值的乘积称为视在功率。

（　　）25．负载的功率因数越高，电源设备的利用率就越高。

（　　）26．功率因数 $\cos\varphi$ 利用电压三角形、阻抗三角形及功率三角形中任意一个三角形的角边关系求得。

（　　）27. 感性负载并联补偿电容后，提高了功率因数，使电源容量得到了充分利用。

（　　）28. 当 RLC 串联电路发生谐振时，电路中的电流有效值将达到最大值。

（　　）29. 当 RLC 并联电路发生并联谐振，其 $X_L - X_C = 0$，电路表现为感性。

（　　）30. 电感电路中存在的无功功率属于无用功，应该尽量减小。

二、选择题（在括号中填上所选答案的字母）（每题 1 分，共 30 分）

1. 大小和方向随时间（　　）的电流称为正弦交流电。

  A. 变化   B. 不变化

  C. 周期性变化   D. 按正弦规律变化

2. $u = \sin 2\omega t$ 是（　　）电压。

  A. 脉动   B. 正弦交流   C. 交流   D. 直流

3. 交流电的平均值（　　）。

  A. 比最大值大   B. 比最大值小

  C. 比有效值大   D. 和有效值相等

4. 正弦交流电的三要素是（　　）。

  A. 电压、电流、频率   B. 最大值、周期、初相位

  C. 周期、频率、角频率   D. 瞬时值、周期、有效值

5. 电流 $i = \sin 314t$ 的三要素是（　　）。

  A. 0，314rad/s，0°   B. 1A，314rad/s，1°

  C. 0，314rad/s，1°   D. 1A，314rad/s，0°

6. 单相正弦交流电压的最大值为 311V，它的有效值是（　　）。

  A. 200V   B. 220V   C. 380V   D. 250V

7. 常用的室内照明电压 220V 是指交流电的（　　）。

  A. 瞬时值   B. 最大值   C. 平均值   D. 有效值

8. 正弦交流电的有效值（　　）。

  A. 在正半周不变化，负半周变化   B. 在正半周变化，负半周不变化

  C. 不随交流电的变化而变化   D. 不能确定

9. 有效值是计量正弦交流电（　　）的物理量。

  A. 做功本领   B. 做功快慢

  C. 平均数值   D. 变化范围

10. 交流电路中，一用电器上的电压的瞬时表达式为 $u_L = 220\sqrt{2}\sin(100\pi t)\text{V}$，则电压的最大值为（　　）V；有效值为（　　）V；角频率为（　　）；频率为（　　）Hz；周期为（　　）s；初相为（　　）。

  A. 220   B. $220\sqrt{2}$ C. 100π/s   D. 50   E. 0.02

  F. 0   G. $10\sqrt{2}$ H. 10   I. $-\dfrac{\pi}{4}$

11. 交流电路中，一用电器通过的电流的瞬时表达式为 $i_L=10\sqrt{2}\sin(100\pi t-\frac{\pi}{4})$A，则电流的最大值为（　　）A；有效值为（　　）A；角频率为（　　）；频率为（　　）Hz；周期为（　　）s；初相为（　　）。

  A. 220　　　　　B. $220\sqrt{2}$　　　　　C. 100π/s　　　　D. 50　　　　E. 0.02

  F. 0　　　　　　G. $10\sqrt{2}$　　　　　H. 10　　　　　　I. $-\frac{\pi}{4}$

12. 从正弦交流电的解析式中，可以得出交流电的（　　）。

  A. 功率　　　　　B. 最大值　　　　C. 电量　　　　　D. 阻抗

13. 正弦交流电的（　　）不随时间变化，按同一规律做周期性变化。

  A. 电压、电流的瞬时值　　　　　　B. 电动势、电压、电流的大小和方向

  C. 电压、电流的大小　　　　　　　D. 频率

14. 已知正弦电压 $u=311\sin(314t)$V，当 $t=0.01$s，电压的瞬时值（　　）。

  A. 0　　　　　　B. 311　　　　　C. 220　　　　　D. 31.1

15. 频率为 50Hz 的交流电的周期为（　　）s。

  A. 0.01　　　　B. 0.02　　　　C. 0.05　　　　D. 0.2

16. 直流电的频率是（　　）Hz。

  A. 0　　　　　　B. 50　　　　　C. 60　　　　　D. 100

17. 220V 单相正弦交流电是指其电压的（　　）。

  A. 有效值　　　　B. 最大值　　　　C. 瞬时值　　　　D. 平均值

18. 正弦交流电有效值 $I=10$A，频率 $f=50$Hz，初相位 $\Phi=-\frac{\pi}{3}$，则此电流的解析表达式为（　　）A。

  A. $i=10\sin(314t-\frac{\pi}{3})$　　　　　　B. $i=10\sqrt{2}\sin(314t-\frac{\pi}{3})$

  C. $i=10\sin(50t+\frac{\pi}{3})$　　　　　　D. $i=10\sqrt{2}\sin(50t+\frac{\pi}{3})$

19. 电路波形如图 5-1 所示，则电压的瞬时值表达式为（　　）。

  A. $u_L=100\sin(300t+30°)$V　　　　B. $u_L=100\sin(300t-30°)$V

  C. $u_L=100\sqrt{2}\sin(300t+30°)$V　　D. $u_L=100\sqrt{2}\sin(300t-30°)$V

电压和电流的相位差 $\Phi=$（　　）。

  A. 30°　　　　　B. 45°　　　　　C. −75°　　　　　D. 75°

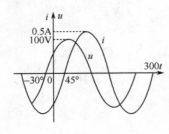

图 5-1

20．将一只 100W 的白炽灯泡分别接入 220V 交流电源上或 220V 直流电源上，灯泡的亮度（　　　）。

    A．前者比后者亮   B．一样亮

    C．后者比前者亮   D．不能确定

21．设 $u_1=U_m\sin(\omega t)$V，$u_2=U_m\sin(\omega t+\pi)$V，则两者的相位关系是（　　　）。

    A．u_1 超前 u_2 B．u_2 超前 $u_1$90°

    C．u_1，u_2 同相   D．u_1，u_2 反相

22．电感组件具有（　　　）特性。

    A．在直流中相当于短路   B．在直流中相当于开路

    C．通高频、阻低频   D．通低频、阻高频

23．电容组件具有（　　　）特性。

    A．在直流中相当于短路   B．在直流中相当于开路

    C．通高频、阻低频   D．通低频、阻高频

24．自感电动势的大小（　　　）电流的变化率。

    A．正比于   B．反比于   C．小于   D．等于

25．在电阻、电感串联交流电路中，电路中的总电流与总电压之间的关系是（　　　）。

    A．电压超前电流的角度>0°且<90°

    B．电压超前电流 90°相位角

    C．电流超前电压的角度>0°且<90°

    D．电压与电流同相位

26．在电阻、电感串联交流电路中，正确的表达式是（　　　）。

    A．$Z=R+L$ B．$Z=R+X_L$ C．$Z^2=R^2+(\omega L)^2$ D．$Z=R^2+(\omega L)^2$

27．在 RLC 串联电路中，阻抗关系为（　　　）。

    A．$Z=R+X_L+X_C$ B．$Z=R+X_L-X_C$

    C．$Z=\sqrt{R^2+X_L^2+X_C^2}$ D．$Z=\sqrt{R^2+(X_L^2-X_C^2)}$

28．一个无源二端网络，其外加电压为 $u=100\sqrt{2}\sin(10\,000t+60°)$V，通过的电流为 $i=2\sqrt{2}\sin(10\,000t+120°)$A，则该二端网络的等效阻抗、功率因数分别是（　　　）。

    A．50Ω，0.5   B．50Ω，−0.5

    C．50Ω，0.866   D．50Ω，−0.866

29．在交流电路中，当电压与电流同相位时，这种电路称为（　　　）电路。

    A．容性   B．感性   C．电阻性   D 谐振

30．纯电感电路中无功功率用来反映电路中（　　　）。

    A．纯电感不消耗电能的情况   B．消耗功率的多少

    C．能量交换的规模   D．无用功的多少

三、计算题（共 40 分）

1．已知 $R=10Ω$，$L=0.3H$，$C=100μF$。**（9 分）**

（1）如分别接于 $f=50\text{Hz}$ 的正弦交流电路中，则 $R=$＿＿，$X_L=$＿＿，$X_C=$＿＿＿；

（2）如分别接于 $f=100\text{Hz}$ 的正弦交流电路中，则 $R=$＿＿，$X_L=$＿＿＿，$X_C=$＿＿＿；

（3）如分别接于直流电路中，则 $R=$＿＿，$X_L=$＿＿＿，$X_C=$＿＿＿。

2．在 $R=6\Omega$ 的电阻两端，外加电压 $u_R=110\sin(314t+60°)\text{V}$，在关联参考方向下，求电阻中电流的解析式及电阻消耗的平均功率 P。**（8分）**

3．在 $L=0.2\text{H}$ 的电感两端，外加电压 $u_L=220\sqrt{2}\sin(314t+30°)\text{V}$，在关联参考方向下，求：（1）电感中电流 I_L；（2）有功功率 P_L；（3）无功功率 Q_L；（4）电感中存储的最大磁场能量。**（8分）**

4．在 $C=10\mu\text{F}$ 电容两端，外加电压 $u_C=220\sqrt{2}\sin(314t-30°)\text{V}$。求：（1）电容中电流 I_C；（2）有功功率 P_C；（3）无功功率 Q_C；（4）电容中存储的最大电场能量。**（8分）**

5．如图 5-2 所示，若已知电压表 V 读数为 5V，电压表 V_1 读数为 3V，电压表 V_2 读数为 8V，分析电压表 V_3 的读数为多大？ **（7分）**

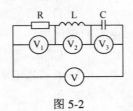

图 5-2

第二节　技　能　试　题

【试题1】　正弦交流电压的测量。

（1）仪器和器材：电工电子实训台（电工电子实验箱）、交流电压表、电阻（100Ω）3 只、交流电压 u 为 12V/50Hz。

（2）技能训练电路如图 5-3 所示。

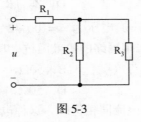

图 5-3

（3）内容和步骤。

① 在电工电子实训台（电工电子实验箱）上，按图 5-3 所示的电路图搭接电路，并接在电压为 12V/50Hz 的交流电源上。

② 用交流电压表测量电源两端的电压 u 及电阻两端的电压 u_{R1}，u_{R2}，u_{R3}。注意选择适当的量程。将测量值填入表 5-1 中。

表 5-1 正弦交流电压的测量数据

测量项目	u	u_{R1}	u_{R2}	u_{R3}
$R_1 = R_2 = R_3 = 100\Omega$				

【试题 2】 正弦交流电流的测量。

（1）仪器和器材：电工电子实训台（电工电子实验箱）、交流电流表、电阻（100Ω）3只、交流电压 u 为 12V/50Hz。

（2）技能训练电路如图 5-4 所示。

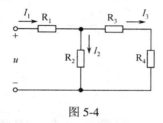

图 5-4

（3）内容和步骤。

① 在电工电子实训台（电工电子实验箱）上，按图 5-4 所示的电路图搭接电路，并接在电压为 12V/50Hz 的交流电源上。

② 用交流电流表测量流过电阻的电流 I_1，I_2 和 I_3。注意选择适当的量程。将测量值填入表 5-2 中。

表 5-2 正弦交流电流的测量数据

测 量 项 目	I_1	I_2	I_3
$R_1 = R_1 = R_1 = R_4 = 100\Omega$			

第三节 理实一体化试题

一、试题名称

荧光灯电路的组装和测试。

二、规定用时

60 min。

三、试题内容

1. 荧光灯电路的安装。
2. 荧光灯电路的功率因数测试。
3. 荧光灯电路的等效电阻和等效电感的测试。

四、电原理图

电原理图如图 5-5 所示。

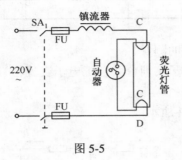

图 5-5

五、仪器和器材

元件见表 5-3。

表 5-3　荧光灯电路的安装元器件明细表

代　号	名　称	型号及规格	单　位	数　量
C	荧光灯管	额定电压 220V，额定功率 40W	根	1
	启辉器	4～40W	只	1
	镇流器	40W	只	1
SA$_1$	电源开关	闸刀开关（HK1-15/2）	只	1
	灯座		只	2
	灯架		只	1
	小螺钉		包	1
	二芯塑料护套线	长 2m 的 BVV1cm^2（1/1.13）	根	1
	交流电流表	0～1A	只	1
	交流电压表	0～250 V	只	1
	万用表	MF30	只	1
FU	熔断器	RC1A-15/2	只	2

六、方法和步骤

1. 荧光灯电路的安装。

（1）在灯架上定位及画线，确定各电器组件的位置。

（2）固定各电器组件和荧光灯。

（3）按图 5-5 接线，导线可采用 BV1mm^2 塑料铜芯软线。

（4）合上电源开关 SA$_1$，点亮荧光灯，并观察有无异常情况。

2. 将安装好的荧光灯电路（含有镇流器，可视为 RL 串联电路），接在 220V/50Hz 的正弦交流电源上，测量荧光灯电路的电流 I 和有功功率 P。将测试数据填入表 5-4 中。

3. 根据测试数据计算功率因数 λ，将计算结果填入表 5-4 中。

4．根据测试数据计算等效电阻 R 和等效电感 L，将计算结果填入表 5-4 中。

提示：含有镇流器的荧光灯电路可视为 RL 串联电路。

表 5-4　荧光灯电路的测量数据表

项目	电流 I	有功功率 P	功率因数 λ	等效电阻 R	等效电感 L
测量数据					

第六章 三相正弦交流电路

第一节 知 识 试 题

一、判断题（正确的在括号中填上√，错误的在括号中填上×）（每题 1 分，共 30 分）

（　　）1. 对称三相电源是由三个电压相等、频率相同的三个单相电源组成。

（　　）2. 三相对称电源是由交流发电机产生的。

（　　）3. 对称三相发电机的三个绕组在空间位置上相差 120° 空间电角度。

（　　）4. 三个相电压到达最大值的次序称为相序。

（　　）5. 对称三相电源的相序有正序和反序之分。

（　　）6. 在对称三相发电机中，三个电动势之和等于 1。

（　　）7. 三相电源供电线路只有三条线。

（　　）8. 具有中性线的三相供电线路称为三相四线制。

（　　）9. 不引出中性线的三相供电线路称为三相三线制。

（　　）10. 三相四线制的低压供电系统中常用 380V/220V，就是指电源作Y形连接时的线电压为 380V，相电压为 220V 的供电系统。

（　　）11. 发电机三相绕组的三根引出线，称为端线，俗称火线。

（　　）12. 三相电源中，任意两根端线之间的电压称为线电压。

（　　）13. 三相电源中，端线和中线之间的电压称为相电压。

（　　）14. 对称三相电源Y形连接时，线电压与相电压对应相等。

（　　）15. 对称三相电源△形连接时，线电压与相电压对应相等。

（　　）16. Y形连接的对称三相交流电源中，相电压是线电压的 $\sqrt{3}$ 倍，相电压超前线电压 30°。

（　　）17. 在相位上，线电压超前相电压为 120°。

（　　）18. 三相交流电路中，某相电源或某相负载中流过的电流称为相电流。

（　　）19. 对称三相负载作Y形连接时，线电压就是相电压。

（　　）20. 对称三相负载作Y形连接时，线电流就是相电流。

（　　）21. 对称三相负载作△形连接时，线电压与相电压对应相等。

（　　）22. 对称三相负载作△形连接时，线电流与相电流对应相等。

（　　）23. 对称三相负载作Y形连接时，中性线可以省去不用。

（　　）24. 三相负载作Y形连接时，中性线可以省去不用。

（　　）25. 线电压为相电压的 $\sqrt{3}$ 倍，同时线电压的相位超前相电压 30°。

（　　）26. 三相供电系统中的中线可以安装熔断器。

（　　）27. 如果三相负载的额定电压等于电源的线电压，应采用三角形接法。

（　　）28. 如果三相负载的额定电压等于电源的相电压，应采用星形接法。

（　　）29．三相负载吸取总有功功率等于每相负载吸取的总功率之和。

（　　）30．三相负载不论作何种接法，总有功功率总是相同的。

二、选择题（在括号中填上所选答案的字母）（每题1分，共30分）

1．三相电动势之间的相位差是（　　）。

    A．30°　　　　　B．60°　　　　　C．120°　　　　　D．150°

2．三个相电压到达（　　）的次序称为相序。

    A．正最大值　　B．负最大值　　C．正最小值　　D．负最小值

3．如果三相电源的正相序是 $L_1 \to L_2 \to L_3 \to L_1$，则其反相序是（　　）。

    A．$L_1 \to L_2 \to L_3 \to L_1$　　　　　　B．$L_1 \to L_3 \to L_2 \to L_1$

    C．$L_1 \to L_3 \to L_1 \to L_2$　　　　　　D．$L_1 \to L_2 \to L_1 \to L_2$

4．三相对称电源△形连接的闭合回路中各电动势之和等于（　　），在外部没有接上负载时，这一闭合回路中的电流等于（　　）。

    A．$\sqrt{3}\,U_P$　　　B．$-3U_P$　　　C．0　　　　D．$3I_P$

5．在三相四线制供电系统中，相电压为线电压的（　　）。

    A．$\sqrt{3}$ 倍　　　B．$\sqrt{2}$ 倍　　　C．$1/\sqrt{3}$　　　D．$1/\sqrt{2}$

6．在三相四线制供电系统中，线电压在相位上超前相电压为（　　）。

    A．30°　　　　　B．60°　　　　　C．120°　　　　　D．150°

7．在三相四线制供电系统中，端线之间的电压称为（　　）。

    A．线电压　　　B．相电压　　　C．开路电压　　　D．电源电压

8．在三相四线制供电系统中，端线与中线之间的电压称为（　　）。

    A．线电压　　　B．相电压　　　C．开路电压　　　D．电源电压

9．对称三相电源作Y形联结时，若线电压有效值为380V，则相电压有效值为（　　）。

    A．110V　　　　B．220V　　　　C．311V　　　　D．380V

10．三相四线制 380V/220V 供电系统，若三相负载的额定电压等于 380V，则应采用（　　）接法。

    A．Y形　　　　B．△形　　　　C．串联　　　　D．并联

11．三相四线制 380V/220V 供电系统，若三相负载的额定电压等于 220V，则应采用（　　）接法。

    A．Y形　　　　B．△形　　　　C．串联　　　　D．并联

12．对称三相电源接Y形对称负载，线电压等于对应的（　　）。

    A．线电压　　　B．相电压　　　C．线电流　　　D．相电流

13．对称三相电源接Y形对称负载，线电流等于对应的（　　）。

    A．线电压　　　B．相电压　　　C．线电流　　　D．相电流

14．对称三相电源接△形对称负载，线电压等于对应的（　　）。

    A．线电压　　　B．相电压　　　C．线电流　　　D．相电流

15．对称三相电源接△形对称负载，线电流等于对应的（　　）。

    A．线电压　　　B．相电压　　　C．线电流　　　D．相电流

16. 为保证三相电路正常工作，防止事故发生，在三相四线制中，规定（　　）上不允许安装熔断器或开关。

　　A．端线　　　　　　B．中线　　　　　　C．火线　　　　　　D．地线

17. 在三相四线制供电系统中，相电压为线电压的（　　）。

　　A．$\sqrt{3}$ 倍　　　　B．$\sqrt{2}$ 倍　　　　C．$1/\sqrt{3}$　　　　D．$1/\sqrt{2}$

18. 在对称三相交流电路中，负载接成△形时，线电流是相电流的（　　）倍。

　　A．3　　　　　　B．$\sqrt{3}$　　　　　　C．$1/\sqrt{3}$　　　　　　D．$1/3$

19. 当三相对称负载作△形联接时，以下说法正确的是（　　）。

　　A．$I_l=\sqrt{3}\,I_{\triangle\phi}$；$I_{\triangle\phi}=U_{\triangle\phi}/Z$

　　B．电源电压升高为原来 2 倍时，有功功率升为原来 2 倍

　　C．若改为Y形接法，功率为△形接法的 $\sqrt{3}$ 倍

　　D．$U_{\triangle\phi}=\sqrt{3}\,U_l$

20. 对称三相负载作Y形连接时，线电压是相电压的（　　）。

　　A．$\sqrt{3}$ 倍　　　B．$1/\sqrt{3}$ 倍　　　C．3 倍　　　D．$1/3$ 倍

21. 如图 6-1 所示，三相负载接到线电压为 380V 的电源上，则所接电压表的读数为（　　）V。

　　A．380　　　　　B．220　　　　　　C．110　　　　　　D．0

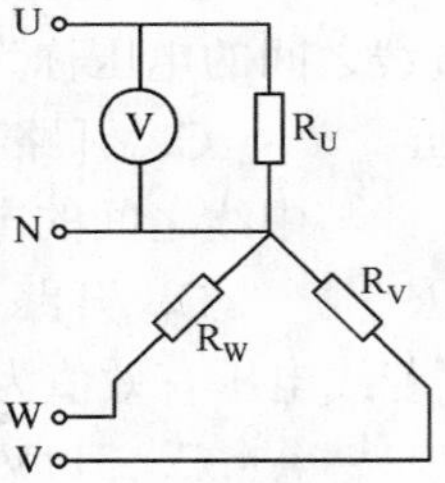

图 6-1

22. 在三相四线制供电系统中，总视在功率是一相视在功率的（　　）倍。

　　A．$\sqrt{3}$　　　　　　B．$\sqrt{2}$　　　　　　C．3　　　　　　D．2

23. 对称三相电源接Y形对称负载，若线电压有效值为 380V，三相视在功率为 6600VA，则相电流有效值为（　　）。

　　A．10A　　　　　B．20A　　　　　C．17.3A　　　　　D．30A

24. 对称负载时，不论何种接法，求总功率的公式是（　　）。

　　A．相同　　　　　　　　　　B．相反

　　C．有关联　　　　　　　　　D．没有关联

25. 如图 6-2 所示，三相负载接到线电压为 380V 的电源上，如 $R_U=R_V=R_W=20\Omega$，则所接电流表 A_1 和电流表 A_2 的读数分别为（　　）A。

　　A．19，0　　　　　　　　　B．11，19

　　C．11，0　　　　　　　　　D．19，11

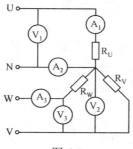

图 6-2

26．如图 6-3 所示，三相负载接到线电压为 380V 的电源上，如 $R_U= R_V= R_W=20\Omega$，则所接电流表 A_1 和电流表 A_2 的读数分别为（   ）A。

A．$19\sqrt{3}$，$19\sqrt{3}$ B．$19\sqrt{3}$，19

C．19，11 D．$11\sqrt{3}$，11

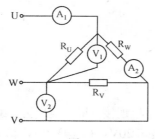

图 6-3

27．三相对称交流电路中，对于同一电源，三相对称负载作△形连接时，消耗的功率是它作Y形连接时的（   ）。

A．1 倍   B．$\sqrt{2}$ 倍   C．$\sqrt{3}$ 倍   D．3 倍

28．如图 6-4 所示，三相电源线电压 $U=380V$，灯泡 L 接在相电压上，若 C 相灯泡 L 不亮（C 相熔丝熔断），此时用电压表测量线电压 U_{AB} 为（   ）。

A．0V   B．220V   C．311V   D．380V

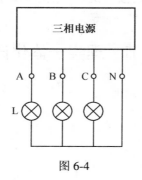

图 6-4

29．如图6-4所示，三相电源线电压 U=380V，灯泡 L 接在相电压上，若 C 相灯泡 L 不亮（C 相熔丝熔断），此时用电压表测量线电压 U_{BC} 为（　　）。

    A．0V   B．220V   C．311V   D．380V

30．如图6-4所示，三相电源线电压 U=380V，灯泡 L 接在相电压上，若 C 相灯泡 L 不亮（C 相熔丝熔断），此时用电压表测量相电压 U_{AN} 为（　　）。

    A．0V   B．220V   C．311V   D．380V

三、计算题（每题 10 分，共 30 分）

1．三相交流电源作Y形连接，若其线电压为 380V，相电压是多少？若其相电压为 380V，线电压是多少？

2．三相交流发电机绕组作Y形连接，若发电机每相绕组的正弦电压最大值是 220V，试求线电压为多大？

3．三个完全相同的线圈接成Y形，将它接在线电压为 380V 的三相电源上，线圈的电阻 R=3Ω，感抗 X=4Ω。试求：

（1）各线圈的电流；

（2）每相功率因数；

（3）三相总功率。

四、分析题（共 10 分）

有一台三相交流发电机绕组作Y形连接，每相电压为 220V，接好后用电压表测量 3 个相电压都是 220V，但线电压 $U_{AB}=U_{BC}=220V$，$U_{CA}=380V$，试分析可能何处接错？

第二节　技 能 试 题

【试题 1】　有一台三相电动机每相绕组的额定电压为 220V，而三相电源的线电压为 380V，则这台三相电动机应该如何连接？试画出电路图，搭接电路，经教师检查无误后，通电运行。

【试题 2】　有一台三相电动机每相绕组的额定电压为 220V，而三相电源的线电压为 220V，则这台三相电动机应该如何连接？试画出电路图，搭接电路，经教师检查无误后，通电运行。

第三节　理实一体化试题

一、试题名称

三相负载的连接和测试。

二、规定用时

60 min。

三、试题内容

在配电板上安装三相负载作Y形连接，测量各线电压和相电压、线电流和相电流，并分析线电压和相电压、线电流和相电流的关系。

四、电原理图

电原理图如图 6-5 所示。

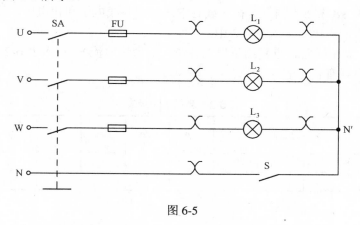

图 6-5

五、仪器和器材

元件见表 6-1。

表 6-1 三相电路元器件明细表

代 号	名 称	型号及规格	单 位	数 量
L_1, L_2, L_3	白炽灯	220V/25W	只	3
	白炽灯灯座		只	3
	交流电流表	0.5/1A	只	1
	万用表		只	1
	电流表插座		只	7
	电流表插头		只	1
S	单联平开关		只	1
SA	闸刀开关	HK1-15/3	只	1
FU	熔断器	RC1A-5/2	只	3
	自制木台	控制板（650mm×500mm×50mm）	块	1

六、方法和步骤

1. 三相负载作Y形连接。

（1）在控制木板上定位及画线，确定各电器组件和白炽灯的位置。

（2）固定各电器组件和白炽灯。

（3）按图 6-5 接线。导线可采用 BV1mm² 塑料铜芯软线。导线的接头可使用冷压接线头。在每一根导线的接头上可以套上标有线号的套管。

2．三相 Y 形负载电路的测试。

（1）检查线路，无误后方可开始测试。

（2）检查三相电源的输出电压为 380 V。

（3）合上开关 SA 和 S。测量对称负载有中线时，各线电压和相电压、线电流（相电流）及中线电流、中点间电压，记入表 6-2 中。

（4）断开 S。无中线时，重复测量以上各量（除中线电流），记入表 6-2 中。观察中线对星形连接的对称负载有否影响？

表 6-2　测量值记录表

三相负载 Y 形连接		U_{UV}/V	U_{VW}/V	U_{WU}/V	U_U/V	U_V/V	U_W/V	I_U/A	I_V/A	I_W/A	I_N/A	$U_{NN'}$/V
对称负载	有中线											—
	无中线										—	

第七章 供用电技术

第一节 知识试题

一、判断题（正确的在括号中填上√，错误的在括号中填上×）（每题 1 分，共 30 分）

（   ）1. 为了提高输电效率并减小输电线路上的损失，通常都采用降压变压器将电压降低后再进行远距离输电。

（   ）2. 输电电压的高低，视输电容量和输电距离而定，一般是容量越大、距离越远，输电电压就应该越高。

（   ）3. 目前我国远距离交流输电电压有 110kV，220kV，330kV，500kV 和 1000kV 五个等级。

（   ）4. 高压输电到用户区后，要经过降压变压器，将高电压降低到用户所需的电压。

（   ）5. 保护接地的目的：一旦电气设备绝缘损坏，使外壳对地电压降低到安全数值以下。

（   ）6. 保护接地可适用于任何场合。

（   ）7. 保护接地宜用于三相电源中性点不接地的供电系统。

（   ）8. 保护接地中，接地电阻只要尽可能小即可。

（   ）9. 保护接零是将电气设备在正常情况下，不带电的金属外壳或构件与供电系统中的零线连接。

（   ）10. 保护接零适用于三相供电系统。

（   ）11. 接地的作用主要是使与接地相连电路各点与大地等电位起保护作用或屏蔽作用。

（   ）12. 在同一供电系统中，可以对一部分电器采用保护接地，而对另一部分电器采用保护接零。

（   ）13. 设备采用保护接地或保护接零后，能防止人体接触漏电设备发生的触电。

（   ）14. 设备采用保护接地或保护接零后，能防止人体直接接触带电体引发的触电。

（   ）15. 电气故障修复完毕，需要先进行通电试运行，然后再投入正常运行。

（   ）16. 装设携带型接地线必须两人进行，装设接地线必须先接导体端，后接地端。

（   ）17. 节约用电主要体现在供电系统的科学管理和技术改造两个方面。

（   ）18. 安全电源必须是初、次级相互绝缘的，无直接电联系的双绕组变压器。

（   ）19. 安全用电的原则是不接触低压带电体，不靠近高压带电体。

（   ）20. 在特定情况下，可以用手来鉴定导体是否带电。

（   ）21. 电源未切断时，不得更换熔断器，不得任意加大熔断器的断流容量。

（   ）22. 设备采用保护接地或保护接零后，只能防止人体接触漏电设备发生的触电，而不能防止人体直接接触带电体引发的触电。

（   ）23. 漏电保护器是防止人身触电和防止漏电的安全电器。

（　　）24．在低压配电系统中装设漏电保护器，是防止电击事故的有效措施之一，也是防止漏电引起电气火灾和电气设备损坏事故的一种技术措施。

（　　）25．漏电保护器一般用于 1200V 以下的低压系统。

（　　）26．根据工作原理不同，漏电保护器分为电压型和电流型。而电流型漏电保护器又分为电磁式和电子式两种。

（　　）27．漏电自动保护（简称漏电开关）适用于交流电压 380V，电流 10～100A，电源中性点接地的电路中。

（　　）28．移动式电器设备及手持式电动工具，安装在潮湿、强腐蚀性等环境恶劣场所的电器设备，必须安装漏电保护器。

（　　）29．当人身触电或电网漏电时，漏电自动保护（简称漏电开关）能够迅速分断故障电路。

（　　）30．电网的额定电压应等于漏电保护器的额定电压，漏电保护器的额定电流应大于或等于线路的最大电流。

二、选择题（在括号中填上所选答案的字母）（每题 1 分，共 30 分）

1．电力系统是指（　　）。
   A．由发电、输电、变电、配电构成的整体
   B．由发电、输电、变电、配电和用户构成的整体
   C．由输电网、配电网组成的电力线路总和
   D．由发电厂消耗能源的总和

2．下列电网中，范围最大的是（　　）。
   A．区域电网　　　B．地方电网　　　C．工厂供电系统　　　D．110kV 电网

3．为提高输电效率，并减小输电线路上的损失，通常都采用（　　）后再进行远距离输电。
   A．降压　　　　B．升压　　　　C．稳压　　　　D．滤波

4．高压输电到用户区后，要经过（　　）为用户所需的电压。
   A．降压　　　　B．升压　　　　C．稳压　　　　D．滤波

5．从电站发电到用户用电，中间大致经过发电、升压、（　　）、降压、送达用户等环节。
   A．电压输送　　B．电流输送　　C．高压输送　　D．低压输送

6．下列各项，不属于变电所功能的是（　　）。
   A．接电　　　　B．变压　　　　C．稳压　　　　D．配电

7．下列各项，不属于配电所功能的是（　　）。
   A．接电　　　　B．变压　　　　C．稳压　　　　D．配电

8．工厂企业的电力负荷，是指工厂从电力系统中获得的（　　）。
   A．电功率　　　B．电压　　　　C．电能　　　　D．频率

9．工厂企业中常用的配电方式有（　　）。
   A．放射式配电　　　　　　　　B．支线式配电
   C．干线式配电　　　　　　　　D．网络式配电

10．工厂车间照明通常分为（　　）。

A．一般照明、局部照明、混合照明　　B．一般照明、高架照明、工作台照明

C．专用照明、低空照明、墙面照明　　D．一般照明、专用照明、工作台照明

11．对每一独立负载（如大型水泵、空气压缩机等）或一组集中负载（如多台电动机拖动设备、车间照明等）都用单独的配电线路供电的配电方式称为（　　）。

A．放射式配电　　B．支线式配电　　C．干线式配电　　D．网络式配电

12．将每个独立负载或一组集中负载按其所在位置，依次接到某一配电干线上的配电方式称为（　　）。

A．放射式配电　　B．支线式配电　　C．干线式配电　　D．网络式配电

13．变压器中性点接地属于（　　）。

A．工作接地　　B．保护接地　　C．重复接地　　D．故障接地

14．保护接地是将电气设备外壳和（　　）连接。

A．地线　　　　B．中线　　　　C．零线　　　　D．接地体

15．保护接地宜用于三相电源（　　）的供电系统。

A．中性点接地　B．零线接地　　C．中性点不接地　D．零线不接地

16．保护接地的主要作用是（　　）和减少流经人身的电流。

A．防止人身触电　　　　　　B．减少接地电流

C．降低接地电压　　　　　　D．短路保护

17．人工接地体可用长 2～3m，直径 35～50mm 的钢管垂直打入地下，接地电阻一般应（　　）。

A．>40Ω　　　　B．<40Ω　　　　C．>4Ω　　　　D．<4Ω

18．保护接零是将电气设备在正常情况下，不带电的金属外壳或构架与供电系统的（　　）连接。

A．地线　　　　B．中线　　　　C．零线　　　　D．接地体

19．保护接零的有效性是当设备发生故障时，（　　）使保护装置动作。

A．过载电压　　B．额定电压　　C．额定电流　　D．接地短路电流

20．保护接零系统中，插座的接地端子应（　　）。

A．与插座的工作零线端子相连接　B．与零干线直接连接

C．与工作零线连接　　　　　　　D．经过熔断器与零干线连接

21．保护接零适用于三相四线制（　　）系统中的电气设备。

A．地线直接接地　　　　　　B．中性线直接接地

C．零线直接接地　　　　　　D．接地体直接接地

22．在同一供电线路中，（　　）对一部分电器采用保护接地，而对另一部分电器采用保护接零的方法。

A．可以　　　　B．不可以　　　　C．应该　　　　D．不允许

23．工厂企业供电系统的日负荷波动较大时，将影响供电设备效率，而使线路的功率损耗增加。所以应调整（　　），以达到节约用电的目的。

A．线路负荷　　B．设备负荷　　C．线路电压　　D．设备电压

24. 用户的功率因数低，将会导致（　　）。

    A. 用户有功负荷提升　　　　　　　B. 用户电压降低

    C. 设备容量需求增大　　　　　　　D. 线路损耗增大

25. 采用降低供用电设备的无功功率，可提高（　　）。

    A. 电压　　　　　　B. 电阻　　　　　　C. 总功率　　　　　　D. 功率因数

26. 在同一回路相同负荷大小时，功率因数越高（　　）。

    A. 电流越大　　　　　　　　　　　B. 线路损耗越大

    C. 线路压降越小　　　　　　　　　D. 线路压降越大

27. 漏电保护器一般用于（　　）以下的低压系统。

    A. 220V　　　　　B. 600V　　　　　C. 1200V　　　　　D. 12 000V

28. 漏电自动保护（简称漏电开关）适用于交流电压 380V，电流 10～100A，电源（　　）的电路中。

    A. 地线接地　　　B. 中性线接地　　　C. 零线接地　　　D. 中性点接地

29. 电磁式和电子式两种漏电保护器相比，电磁式（　　）。

    A. 需要辅助电源　　　　　　　　　B. 不需要辅助电源

    C. 受电源波动影响大　　　　　　　D. 抗干扰能力差

30. 使用的漏电保护器时，应注意电网的额定电压应等于漏电保护器的（　　），漏电保护器的额定电流应大于或等于线路的（　　）。

    A. 额定电流　　　B. 最大电流　　　C. 额定电压　　　D. 最大电压

三、简答题（每题 5 分，共 20 分）

1. 低压电网的中性线、零线、地线有什么区别？
2. 什么是保护接地？保护接地适用于何种供电系统？
3. 什么是保护接零？保护接零适用于何种供电系统？
4. 为什么在由同一台变压器供电的系统中，不允许保护接地和保护接零混用？

四、案例分析题（共 20 分）

【案例简况】　某装配车间行车司机向电工借用电烙铁修理行车。电工给行车司机的电烙铁是采用两线插头，并且将电烙铁的外壳接地螺钉与工作零线连接在一起。行车司机将电烙铁放在行车上，插头插入电源插座，手扶车身刚要修理，只听到一声惨叫，行车司机当即倒地身亡。

请根据上述案例简况，进行案例分析，并总结案例教训。

【案例分析】

【案例教训】

第二节　技 能 试 题

检查家用电器是否外壳带电。说明用何种工具、采用何种方法，以及检测步骤。

第三节　理实一体化试题

一、试题名称

漏电保护器的安装。

二、规定用时

60 min。

三、试题内容

在配电板上安装漏电保护器、单相电度表、开关、熔断器（保险丝）。

四、电原理图

电原理图如图 7-1 所示。

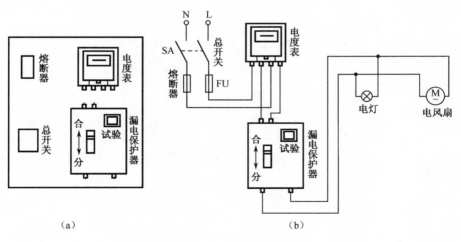

图 7-1

五、仪器和器材

元件见表 7-1。

表 7-1　三相电路元器件明细表

代　号	名　　称	型号及规格	单　位	数　量
L	白炽灯	220V/25W	只	1
	白炽灯灯座		只	1
	电风扇		只	1
	漏电保护器	SR99LE	只	1
	单相电度表		只	1
	电源插座		只	1
SA	闸刀开关	HK1-15/3	只	1
FU	熔断器	RC1A-5/2	只	2
	自制木台	控制板（650mm×500mm×50mm）	块	1

六、方法和步骤

1．配电板的定位。

在配电板上将各部件位置如图 7-1（a）安排好，然后安装漏电保护器、单相电度表、开关、熔断器（保险丝）。

2．安装接线。

按图 7-1（b）所示的漏电保护器安装线路图接线。

3．调试。

检查接线无误后，在教师的指导下通电，此时用电器应能正常工作。

第八章 常用电器

第一节 知 识 试 题

一、判断题（正确的在括号中填上√，错误的在括号中填上×）（每题1分，共30分）

（　　）1. 照明器是由光源和灯具组成的。

（　　）2. 照明灯具选用的原则是在安全、节能的前提下，获得舒适的光环境和满意的工作照明。

（　　）3. 按变压器绕组数目，可把变压器划分成单绕组变压器、双绕组变压器和多绕组变压器。

（　　）4. 变压器铁芯一般采用金属铝片。

（　　）5. 变压器的基本原理是电磁感应。

（　　）6. 变压器可以改变直流电压。

（　　）7. 电流互感器的结构和工作原理与普通变压器相似，它的一次线圈并联在被测电路中。

（　　）8. 电流互感器是按电磁感应原理工作的。

（　　）9. 交流电压表附有电压互感器时，电压互感器两侧不能开路。

（　　）10. 钳形电流表测量电流时，可以不断开电路进行测量。

（　　）11. 三相异步电动机的主要结构是定子和转子两部分。

（　　）12. 三相异步电动机的转子部分主要由转子铁芯和转子绕组两部分组成的。

（　　）13. 鼠笼式异步电动机在运行时，转子导体中有电动势及电流存在，因此，转子导体与转子铁芯之间需用绝缘材料加以绝缘。

（　　）14. 当三相异步电动机的定子绕组中有一相或两相断路时，电动机仍能正常启动，但功率有所下降。

（　　）15. 电容分相异步电动机中，启动绕组中并联一只电容器。

（　　）16. 三相异步电动机转子部分是由转子铁芯和转子绕组两部分组成的。

（　　）17. 三相异步电动机不论运行情况怎样，其转差率都在0～1之间。

（　　）18. 电动机的额定转矩应小于最大转矩。

（　　）19. 三相异步电动机中旋转磁场的旋转方向是和电源的相序一致的。

（　　）20. 三相异步电动机中要使磁场反转，只要改变流入定子线圈的电源相序，即把三相电源任意两根线对调即可。

（　　）21. 按动作方式不同，低压电器可分为自动切换电器和非自动切换电器。

（　　）22. 低压断路器又称自动空气开关。

（　　）23. 熔断器是短路保护电器，使用时应串联在被保护的电路中。

（　　）24. 交流接触器电磁线圈通电时，动断触点先断开，动合触点再闭合。

（　　）25．中间继电器的触头无主辅触头之分。

（　　）26．中间继电器的触头上面需装设灭弧装置。

（　　）27．运行中的交流接触器，其铁芯端面不允许涂油防锈。

（　　）28．接触器自锁控制线路具有失压和欠压保护功能。

（　　）29．接触器互锁正反转控制线路中，正、反转接触器有时可以同时闭合。

（　　）30．熔断器是作为安全保护用的一种电器，当电动机发生短路时，能自动切断电路。

二、选择题（在括号中填上所选答案的字母）（每题1分，共30分）

1．电光源按发光原理分有热辐射光源、气体放电光源、（　　　）三种。

    A．液体发光电光源　　　　　　　　B．固体发光电光源

    C．光辐射电光源　　　　　　　　　　D．等离子体电光源

2．变压器的作用有（　　　）。

    A．变换电压　　　　B．变换电流　　　　C．变换功率　　　　D．变换能量

3．变压器原副边绕组的感应电动势的大小与（　　　）有关。

    A．电源频率　　　　B．磁通大小　　　　C．线圈匝数

    D．电流大小　　　　E．线圈粗细

4．电力变压器的主要用途是（　　　）。

    A．变换阻抗　　　　B．变换电压　　　　C．改变相位　　　　D．改变频率

5．变压器在负载运行时，一次、二次绕组内的电流之比近似等于（　　　）。

    A．匝数比的倒数　　B．匝数比　　　　C．匝数比的开方　　D．匝数比的平方

6．变压器铁芯采用硅钢片的目的是（　　　）。

    A．减小涡流及剩磁　　　　　　　　B．减小磁滞和矫顽力

    C．减小磁阻和铜损　　　　　　　　D．减小磁阻和铁损

7．将一理想变压器原边绕组的匝数增加1倍，且所加电压不变，若负载不变，则副边绕组电流的变化将（　　　）。

    A．减小1/2　　　　B．增加1倍　　　　C．不变　　　　D．不能确定

8．下列变压器中，初、次级线圈既有磁耦合，又有直接电联系的是（　　　）。

    A．电焊变压器　　　　　　　　　　B．单相照明变压器

    C．自耦变压器　　　　　　　　　　D．整流变压器

9．变压器在传输电功率的过程中仍然要遵守（　　　）。

    A．电磁感应定律　　　　　　　　　　B．动量守恒定律

    C．能量守恒定律　　　　　　　　　　D．阻抗变换定律

10．变压器的铁芯是用导磁性能很好的（　　　）叠装的，并组成闭合磁路。

    A．电磁纯铁　　　　B．硅钢片　　　　C．铁镍合金　　　　D．磁介质

11．电焊变压器的输出电压随负载的增大而（　　　）。

    A．变化不大　　　　B．急剧下降　　　　C．略有增加　　　　D．增大

12. 电流互感器在正常运行时，二次绕组处于（　　）。
    A．断路状态　　　　　　　　　　B．接近短路状态
    C．开路状态　　　　　　　　　　D．允许开路状态

13. 决定电流互感器原边电流大小的因数是（　　）。
    A．副边电流　　　　　　　　　　B．副边所接负载
    C．变流比　　　　　　　　　　　D．被测电流的负载

14. 电压互感器的作用是用于（　　）。
    A．配电　　　　B．调压　　　　C．控制　　　　D．测量和保护

15. 使用钳形电流表时，应选择（　　），然后再根据读数逐次切换。
    A．最低挡位　　　B．最高挡位　　　C．刻度 1/2 处　　　D．没有要求

16. 小型变压器绝缘电阻测试时，用兆欧表测量各绕组之间和它们对铁芯的（　　），其值不低于 1MΩ。
    A．电压　　　　B．绝缘电阻　　　C．电流　　　　D．对地电阻

17. 电动机、变压器等产品的铁芯常使用的磁性材料是（　　）。
    A．硅钢片　　　B．电磁纯铁　　　C．铁镍合金　　　D．铁铝合金

18. 直流电动机具有（　　）的特点。
    A．启动转矩大　　B．造价低　　　C．维修方便　　　D．结构简单

19. 磁极对数 $p=4$ 的三相交流绕组所产生的旋转磁场的转速为（　　）r/min。
    A．3000　　　B．1500　　　C．750　　　D．1000

20. 异步电动机在正常旋转时，其转速（　　）。
    A．低于同步转速　　　　　　　　B．高于同步转速
    C．等于同步转速　　　　　　　　D．与同步转速无关

21. 单相笼型异步电动机工作原理与（　　）相同。
    A．单相变压器　　　　　　　　　B．三相笼型异步电动机
    C．交流电焊变压器　　　　　　　D．直流电动机

22. 额定转速为 485r/min 的三相异步电动机的磁极数是（　　）。
    A．6 极　　　B．8 极　　　C．10 极　　　D．12 极

23. 要使三相异步电动机的旋转磁场方向改变，只需要改变（　　）。
    A．电源电压　　B．电源相序　　C．电源电流　　D．负载大小

24. 三相异步电动机额定转速（　　）。
    A．小于同步转速　　　　　　　　B．大于同步转速
    C．等于同步转速　　　　　　　　D．小于转差率

25. 三相异步电动机定子内有（　　）组线圈。
    A．1　　　B．2　　　C．3　　　D．4

26. 对于低压电动机，如果测得绝缘电阻小于（　　），应及时修理。
    A．3MΩ　　　B．2 MΩ　　　C．1 MΩ　　　D．0.5 MΩ

27. 对 500V 及以下的低压电动机绝缘电阻的测量，可采用（　　）兆欧表。
    A．380V　　　B．500V　　　C．1000V　　　D．500～1000V

28. 用兆欧表逐相测量定子绕组与外壳的绝缘电阻，当转动摇柄时，指针指到零，说明绕组（   ）。

    A. 击穿　　　　　B. 短路　　　　　C. 断路　　　　　D. 接地

29. 三相异步电动机在（   ）的瞬间，转子、定子中的电流是很大的。

    A. 启动　　　　　B. 运行　　　　　C. 停止　　　　　D. 以上都正确

30. 下列电器组合中，属于低压电器的是（   ）。

    A. 熔断器和刀开关、接触器和自动开关、主令继电器

    B. 熔断器和刀开关、隔离开关和负荷开关、凸轮控制器

    C. 熔断器和高压熔断器、磁力驱动器和电磁铁、电阻器

    D. 断路器和高压断路器、万能转换开关和行程开关

三、简答题（每题 4 分，共 20 分）

1. 说明组合开关和按钮开关的区别，并画出它们的图形符号，写上文字符号。

2. 用按钮和接触器来控制电动机的启动和停止，比用手动开关直接操纵有哪些优点？

3. 接触器的主要功能是什么？它的线圈、主触头和辅助触头各接在什么电路中？画出它们的图形符号，写上文字符号。

4. 简述热继电器的主要组成部分和动作原理，画出它的图形符号，写文字符号。

5. 试述自动空气开关的主要组成部分和功能。画出它的图形符号，写上文字符号。

四、计算题（每题 10 分，共 20 分）

1. 已知单相变压器的容量是 1.5kVA，电压是 220/110V。试求初、次级的额定电流。如果次级电流是 15A，初级电流约为多少？

2. 已知某三相异步电动机的铭牌数据为 15kW，1450r/min，50Hz，380V，29.7A，$\cos\Phi=0.88$，△形接法。试求：（1）额定转矩；（2）额定效率；（3）额定转差率；（4）电动机的磁极数。

第二节　技能试题

【试题 1】　电源变压器的测试。

（1）仪器和器材：电工电子实训台（电工电子实验箱）、组件见表 8-1。

表 8-1　电源变压器的测试元器件明细表

代　号	名　称	型号及规格	单　位	数　量
R	电阻器	RTX-1-100Ω±5%	只	1
Tr	变压器	30V/6V	只	1
	万用表	MF-30 型	只	1
	交流电压表		只	1
	交流电流表		只	1

（2）技能训练电路如图 8-1 所示。

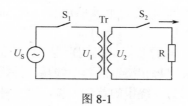

图 8-1

（3）内容和步骤。

① 在电工电子实训平台上，如图 8-1 所示的电路图搭接电路。检查无误后，合上开关 S_1 和 S_2。

② 用交流电压表测量一次绕组和二次绕组的电压，将测量数据填入表 8-2 中。

③ 用交流电流表测量一次绕组和二次绕组的电流，将测量数据填入表 8-2 中。

表 8-2　电源变压器的测试数据

一　次　绕　组		二　次　绕　组	
电压 U_1/V		电压 U_2/V	
电流 I_1/A		电流 I_2/A	

【试题 2】　兆欧表的使用。用兆欧表测定教师给定的电路、变压器、电动机的绝缘电阻，将测试数据填入表 8-3 中。

内容和步骤如下所述。

① 测量电路的绝缘电阻。测量电路的绝缘电阻时，可将被电路的被测端接于"电路 L"的接线柱上，而以良好的地线接于"接地 E"的接线柱上。

② 测量变压器的绝缘电阻。量变压器的绝缘电阻时，可将变压器的绕组接于"电路 L"的接线柱上，铁芯接于"接地 E"的接线柱上。若变压器有屏蔽层的，则屏蔽层接"屏蔽端子 G"。切断变压器的电源，摇动兆欧表手柄由慢渐快，然后转速保持均匀，约 120r/min，此时兆欧表的读数即为变压器绕组对地的绝缘电阻。

③ 测量电动机的绝缘电阻。测量电动机的绝缘电阻时，可将电动机绕组接于"电路 L"的接线柱上，机壳接于"接地 E"的接线柱上。

表 8-3　兆欧表的使用测试数据

项　　目	电　　路	变　压　器	电　动　机
绝缘电阻/Ω			

【试题 3】　钳形交流电流表的使用。用钳形交流电流表测试教师给定的电动机的空载电流。

内容和步骤：测试时，先将钳形交流电流表的量程开关转到合适的位置，电动机的空载状态即电动机没有带动负载时的状态。手持胶木手柄，用食指勾紧铁芯开关，便可打开铁芯，将电动机定子绕组引出机壳外的首端（或尾端），也就是一根电源线从铁芯缺口引入到铁芯中央，然后放松铁芯开关的食指，铁芯就自动闭合，电动机定子绕组的电流就在铁芯中产生交变磁力线，钳形交流电流表上就感应出电流，直接读到的数值就是电动机的电流。

【试题4】 对教师给定的三相异步电动机判别定子绕组的首、末端。

内容和步骤：先用万用表确定每相绕组的两个线端，并把任意一相的两个线端先标上 A 和 X，然后按下述两种情况确定另一绕组的首、末端。第一种情况，总磁通顺着第三个线圈平面通过，所以不能在这个绕组中感应出电动势于是电压表指针不动（或电灯不亮），如图 8-2（a）所示。这时与第一绕组的末端 X 相连的是第二绕组的末端 Y。第二种情况，总磁通垂直于第三个线圈平面，因此，在这个绕组中就感应出电动势，电压表指针转动（或电灯亮），如图 8-2（b）所示。这时与第一绕组的末端 X 相连的是第二绕组的首端 B。

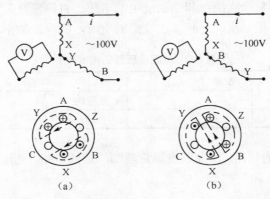

图 8-2

用第三个绕组代替前面任意绕组，重复上述实验，将第三个绕组的首末端标出。并将测试结果填入下列横线中。

第一个绕组 X 为_____，A 为_____。

第二个绕组 Y 为_____，B 为_____。

第三个绕组 Z 为_____，C 为_____。

第三节　理实一体化试题

一、试题名称

变压器和电动机的参数测量。

二、规定用时

60 min。

三、试题内容

测量变压器和电动机的绝缘电阻和空载电流。

四、仪器和器材

元件见表 8-4。

表 8-4　变压器电动机参数测定元器件明细表

代　号	名　　称	型号及规格	单　位	数　量
	兆欧表	500V	只	1
	钳形交流电流表		只	1
	万用表		只	1
	三相异步电动机	220W	只	1
	电灯泡	(220V/220W)	只	1
	电压表		只	
	双绕组变压器		只	1
	导线			

五、方法和步骤

1. 变压器的绝缘电阻和空载电流的测量。

（1）变压器的绝缘电阻的测量。将变压器的绕组接于"电路 L"的接线柱上，铁芯接于"接地 E"的接线柱上，变压器的屏蔽层接"屏蔽端子 G"。切断变压器的电源，摇动兆欧表手柄由慢渐快，然后转速保持均匀，约 120r/min，此时兆欧表的读数即为变压器绕组对地的绝缘电阻。用同样的方法，可以测量变压器各绕组间的绝缘电阻。将测试数据填入表 8-5 中。

表 8-5　变压器绝缘电阻

测 试 项 目	测 试 结 果	结　　论
变压器绕组对地的绝缘电阻		
变压器各绕组间的绝缘电阻		

（2）变压器的空载电流的测量。

① 将钳形交流电流表的量程开关转到合适的位置，将变压器绕组引出机壳外的首端（或尾端），也就是一根电源线从铁芯缺口引入到铁芯中央。

② 接通电源，并使变压器处于空载状态。

③ 观测钳形交流电流表的读数，电流表的读数就是变压器的空载电流为_____A。

2. 三相异步电动机的绝缘电阻和空载电流的测量。

（1）三相异步电动机绝缘电阻的测量。将电动机绕组接于"电路 L"的接线柱上，机壳接于"接地 E"的接线柱上。切断电动机的电源，摇动兆欧表手柄由慢渐快，然后转速保持均匀，约 120r/min，此时兆欧表的读数即为电动机绕组对地的绝缘电阻。用同样的方法，可以测量电动机各绕组间的绝缘电阻。将测试数据填入表 8-6 中。

表 8-6　电动机绝缘电阻

测 试 项 目	测 试 结 果	结　论
电动机绕组对地的绝缘电阻		
电动机绕组 1 与绕组 2 间的绝缘电阻		
电动机绕组 2 与绕组 3 间的绝缘电阻		
电动机绕组 3 与绕组 1 间的绝缘电阻		

（2）用钳形交流电流表测试电动机的空载电流。

① 将钳形交流电流表的量程开关转到合适的位置，将电动机定子绕组引出机壳外的首端（或尾端），也就是一根电源线从铁芯缺口引入到铁芯中央。

② 启动电动机，并使电动机处于空载状态。

③ 观测钳形交流电流表的读数，电流表的读数就是电动机的空载电流为_____A。

第九章　三相异步电动机的基本控制

第一节　知识试题

一、判断题（正确的在括号中填上√，错误的在括号中填上×）（每题 1 分，共 30 分）

（　　）1. 对生产机械的起停、制动、调速等进行自动控制，通常有电气、液压、机械、气动等控制手段。

（　　）2. 继电器接触器控制具有控制方法简单、工作稳定、便于维护等优点，是实现电气自动控制的方法之一。

（　　）3. 可编过程控制器是在继电器接触器控制的基础上，伴随着计算机技术、微电子技术的发展而发展起来的一种先进的控制器。

（　　）4. 三相异步电动机的控制线路可分为主电路和控制电路两部分。

（　　）5. 利用接触器自身常开触点使线圈保持通电的作用称为自锁。

（　　）6. 接触器自锁控制线路具有失压和欠压保护功能。

（　　）7. 在断电时能自动切断电动机电源的保护作用称为失压保护。

（　　）8. 当电压过低时，接触器的电磁力小于弹簧的作用力而断开，称为欠压保护。

（　　）9. 异步电动机直接启动时，启动电流一般为额定电流的 4～7 倍。

（　　）10. 三相异步电动机点动控制电路中，启动按钮的两端一定要和接触器的常开辅助触头并联。

（　　）11. 交流接触器的线圈与本接触器的常开辅助触头并联可达到自锁的目的。

（　　）12. 使用热继电器时，应将热驱动器件的电阻丝，串联在主电路中，将常闭触点串联在具有交流接触器吸引线圈的控制电路中。

（　　）13. 单向点动控制，即按下启动按钮，接触器线圈通电，电动机就转动；手一松，接触器线圈失电，电动机就停止运转。

（　　）14. 三相异步电动机的直接启动控制线路中，如果撤除自锁触点，则可实现对电动机的点动控制。

（　　）15. 改变电动机的三相电源相序，就可改变电动机的旋转方向。

（　　）16. 接触器互锁正反转控制线路中，正、反转接触器有时可以同时闭合。

（　　）17. 继电接触控制电路的本质是顺序控制。

（　　）18. 普通车床的主要功能是对金属材料进行切削，加工成型的机械零件。

（　　）19. 车床的主运动形式是主轴的旋转运动。

（　　）20. 机床的工作程序一般采用顺序预选控制和顺序控制方式。

（　　）21. 采用数字电子技术控制的车床就称为数控车床。

（　　）22. 普通车床电气控制电路主要分为主电路和控制电路两部分。

（　　）23．普通车床电气控制电路的主电路的主要功能是完成启动、主轴的旋转运动、刀架作快速进给运动，所以执行组件所在的电路就是主电路。

（　　）24．普通车床电气控制电路的控制电路为控制组件和信号组件所组成的电路，主要用来控制主电路的工作。

（　　）25．普通车床的工作程序往往是固定的，使用中不需要改变原有程序，因此，控制线路大多采用继电器接触器控制方式。

（　　）26．由于可编程控制器的英文缩写是"PC"，和个人计算机的简称 PC 相同，因此可编程控制器就是个人计算机。

（　　）27．可编程控制器实质上是经过一次开发的工业控制用计算机。

（　　）28．可编程控制器是一种通用机，不经过二次开发，就可以在任何具体的工业设备上使用。

（　　）29．可编程控制器是微机技术和继电器常规控制概念相结合的产物。

（　　）30．PLC 的软件系统是指管理、控制和使用 PLC，确保 PLC 正常工作的一整套程序。

二、选择题（在括号中填上所选答案的字母）（每题 1 分，共 30 分）

1．对生产机械的起停、制动、调速等进行自动控制，通常有（　　）、液压、机械、气动等控制手段。
  A．声控　　　　　B．手控　　　　　C．磁控　　　　　D．电气

2．三相异步电动机的控制线路主电路由三相电源、熔断器、（　　）和电动机定子绕组组成。
  A．接触器主触点　　　　　　　　B．接触器辅助触点
  C．按钮　　　　　　　　　　　　D．线圈

3．三相异步电动机的控制线路控制电路由按钮、（　　）和线圈等组成。
  A．接触器主触点　　　　　　　　B．接触器辅助触点
  C．按钮　　　　　　　　　　　　D．线圈

4．三相异步电动机的直接启动，是指加在电动机定子绕组上的电压就是电动机的（　　）。
  A．额定电压　　　B．最大电压　　　C．控制电压　　　D．感应电压

5．（　　）的鼠笼型三相异步电动机通常可以直接启动。
  A．小容量　　　　B．中容量　　　　C．大容量　　　　D．特大容量

6．利用接触器自身（　　）使线圈保持通电的作用称为自锁。
  A．动合触点　　　B．常开触点　　　C．动断触点　　　D．常闭触点

7．接触器自锁控制线路，除接通或断开电路外，还具有（　　）功能。
  A．失压、欠压保护　　　　　　　B．短路保护
  C．过载保护　　　　　　　　　　D．断路保护

8．在接触器自锁控制线路中，保证电动机能连续运行的触点是（　　）。
  A．联锁触点　　B．自锁触点　　C．互锁触点　　D．热继电器常闭触点

9. 具有过载保护的接触器自锁控制线路中，实现短路保护的电器是（　　）。

    A．熔断器　　　B．热继电器　　　C．接触器　　　D．电源开关

10. 具有过载保护的接触器自锁控制线路中，实现欠压保护和失压保护的电器是（　　）。

    A．熔断器　　　B．热继电器　　　C．接触器　　　D．电源开关

11. 三相异步电动机采用直接启动，会在转子绕组中产生很大的（　　），导致定子绕组中产生很大的（　　）。

    A．定子电流　　　B．转子电流　　　C．启动电流　　　D．额定电流

12. 启动电流过大，将会产生整个供电线路的电压（　　）和电动机的绕组（　　）等问题。

    A．升高　　　B．下降　　　C．短路　　　D．发热

13. 在一般情况下，当电动机容量小于（　　）或容量不超过电源变压器容量的（　　）时，才允许直接启动。

    A．7.5kW　　　B．75kW　　　C．（25～30）%　　　D．（15～20）%

14. 采用两个交流接触器 KM_1 和 KM_2，分别控制电动机的正转和反转，其缺点是会产生电源两相短路事故。在实际工作中，经常采用（　　）正反转控制线路。

    A．按钮联锁　　　B．接触器自锁　　　C．接触器联锁　　　D．倒顺开关

15. 接触器联锁的优点是安全可靠，缺点是要反转，必须先按停止按钮。在实际工作中，经常采用（　　）正反转控制线路。

    A．按钮联锁　　　　　　　　　B．按钮、接触器联锁

    C．接触器联锁　　　　　　　　D．倒顺开关

16. 为避免正、反转接触器同时得电动作，线路采取（　　）。

    A．位置控制　　　B．顺序控制　　　C．自锁控制　　　D．互锁控制

17. 按钮联锁电路中采用了复合按钮，它们有动合触点和动断触点。将（　　）串接入对方的控制电路中，只要按下按钮，就自然切断了对方的控制电路，从而实现了互锁。

    A．动合触点　　　B．常开触点　　　C．动断触点　　　D．常闭触点

18. 接触器联锁是在 KM_1 控制电路中串接了 KM_2 的（　　），在 KM_2 控制电路中串联了 KM_1 的（　　）。

    A．动合触点　　　B．常开触点　　　C．动断触点　　　D．常闭触点

19. 在接触器联锁的正、反转控制线路中，其联锁触点应是对方接触器的（　　）。

    A．主触点　　　　　　　　　　B．主触点或辅助触点

    C．动合辅助触点　　　　　　　D．动断辅助触点

20. 普通车床的一般由床身、主轴变速箱、（　　）、溜板箱、溜板与刀架、尾架、（　　）、丝杆与光杆等部件组成。

    A．主轴　　　B．副轴　　　C．油箱　　　D．进给箱

21. 对于万能机床，为适应不同的工艺要求，机床的工作程序往往需要在一定范围内加以变更，故采用（　　）。

    A．顺序预选控制　　　　　　　B．随意预选控制

    C．顺序控制方式　　　　　　　D．随机控制

22. 阅读电气原理图的方法大致次序如下：先阅读主电路，然后阅读控制电路，最后阅读（　　）。

    A．放大电路　　B．照明电路　　C．振荡电路　　D．附属电路

23. 阅读电气原理图前先要了解生产过程和工艺对电路提出的要求，了解各种控制电气的基本结构和功能，了解电气原理图中的（　　）。

    A．三极管的只数　　　　　　　　B．集成电路的只数

    C．图形符号及文字代表的意义　　D．电动机的性能

24. 一般控制电路都是按照动作先后顺序，（　　）、（　　）绘制而成。因此阅图时，也应（　　）、（　　），逐行弄清楚它们的作用和动作条件。

    A．自上而下　　B．自下而上　　C．从左到右　　D．从右到左

25. 可编程控制器是由（　　）、存储器、输入/输出（I/O）、接口电路等组成。

    A．用户设备　　B．键盘　　C．显示器　　D．中央处理器

26. 可编程控制器的主要功能有 A/D 和 D/A 转换、联机、自运转、条件控制、限时控制、步进控制和（　　）。

    A．延迟控制　　B．调速控制　　C．计数控制　　D．自动控制

27. 可编程控制器的主要外部设备有写入器、外部设备接口单元、打印机接口、图形编程及显示器、多功能支持单元，以及（　　）等。

    A．加法器　　B．译码器　　C．编程器　　D．控制器

28. PLC 常用的编程语言有（　　）、语句表、流程图及高级语言。

    A．汇编语言　　B．梯形图　　C．机器语言　　D．BSIC 语言

29. 变频器即交—交（AC-AC）变频电路，是不通过中间直流环节而把电网频率的交流电直接变换为不同频率交流电的变频电路，因此，属于（　　）变频电路。

    A．间接　　B．直接　　C．交流　　D．直流

30. 传感器由（　　）、转换组件及测量转换电路三部分组成。

    A．灵敏组件　　B．直流组件　　C．交流组件　　D．敏感组件

三、简答题（每题 3 分，共 18 分）

1. 为什么在照明和电热电路中只装熔断器，而在电动机电路中既装熔断器，又装热继电器？

2. 常用的电气控制系统是一种什么样的控制系统？

3. 手动控制电器和自动控制电器各有什么特征？

4. 用接触器控制电动机时，为什么它兼有欠压和失压保护作用？

5. 用按钮和接触器来控制电动机的启动和停止，比用手动开关直接操纵有哪些优点？

6. 接触器的主要功能是什么？它的线圈、主触头和辅助触头各接在什么电路中？

四、作图题（12 分）

有些场合（例如车床等）要求对电动机能进行点动控制，即用手按住启动钮，电动机就运转；松手放开启动钮，电动机就断电趋于停止。试画出一个点动控制电动机的线路。

五、分析题（10分）

如图 9-1 所示是异步电动机启动控制原理电路图，试分析电路的工作原理。

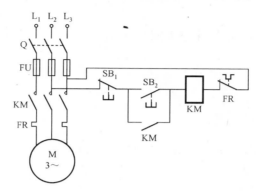

图 9-1

第二节　技 能 试 题

【试题1】　车床电气控制电原理图的读图。

如图 9-2 所示为某车床电气控制电原理图，试分析该车床电气控制电路的原理。

要求：（1）说明该车床电气控制电路的组成；

（2）说明该车床电气控制电路各部分的作用；

（3）说明该车床电气控制电路的工作过程。

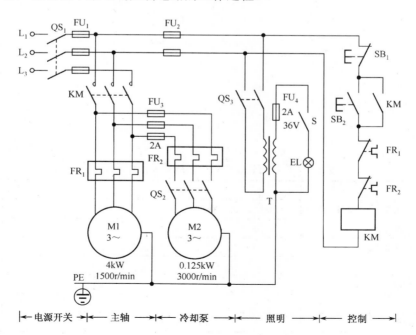

图 9-2

第三节 理实一体化试题

一、试题名称

点动与连续运行控制线路配电板的配线与安装。

二、规定用时

60 min。

三、试题内容

在配电板布线、安装点动与连续运行控制线路，并通电空运转校验。

四、电原理图

电原理图如图9-3所示。

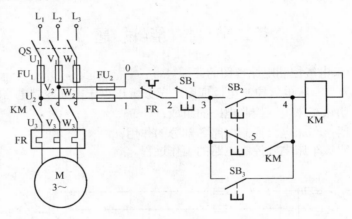

图 9-3

五、仪器和器材

元件见表9-1。

表 9-1 点动与连续运行控制线路元器件明细表

代 号	名 称	型号及规格	单 位	数 量
M	三相鼠笼式异步电动机	Y-112M-4，4kW，380V，8.8A，△形接法、1440r/min	台	1
KM	交流接触器			
FR	热继电器			
SB$_1$	按钮			
SB$_2$	按钮			
SB$_3$	按钮			
QS	组合开关			

续表

代 号	名 称	型号及规格	单 位	数 量
FU	熔断器			
XT	端子板			
	自制木台			
	万用表			

六、方法和步骤

1．根据三相鼠笼式异步电动机 Y-112M-4，4kW，380V，8.8A，△形接法，1440r/min 及图 9-3 选用元器件及部分电工器材，并填入表 9-1 中。

2．按如图 9-3 所示的点动与连续运行控制线路在配电板上布线、安装点动与连续运行控制线路。

3．通电空运转校验。

第十章　电工技术试卷

（A卷）

一、判断题（正确的在括号中填上√，错误的在括号中填上×）（每题1分，共40分）

（　　）1. 触电的原因是人体直接接触了带电导体。

（　　）2. 电源未切断时，不得更换熔断器，不得任意加大熔断器的断流容量。

（　　）3. 电工常用低压试电笔检测电压的范围是60～100V。

（　　）4. 电力系统故障的类型，具体到组件来说有发电机事故、汽轮机事故、锅炉事故、变压器事故、断路器事故、线路事故等。

（　　）5. 只有电子才能形成电流。

（　　）6. 在电路中只要没有电流通过，就一定没有电压。

（　　）7. 如果导体的电阻越大，则其电阻率也越大。

（　　）8. 两只电阻器电阻值一样，功率大的允许通过的电流就大。

（　　）9. 并联电路中的总电阻，等于各并联电阻和的倒数。

（　　）10. 导体的电阻与通过其中的电流成反比。

（　　）11. 我国交流电的频率是60Hz。

（　　）12. 正弦交流电频率和周期互为倒数。

（　　）13. 已知正弦交流电压的有效值为 220V，则该交流电压的瞬时最大值可达到380 V。

（　　）14. 在交流电路中，因电流的大小和方向不断变化，所以电路中没有高低电位之分。

（　　）15. 电路如图 10-1 所示，则 $u=u_R+u_L+u_C$。

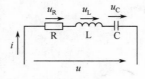

图 10-1

（　　）16. 电路如图 10-1 所示，则 $Z = R+X_L-X_C$。

（　　）17. 电路如图 10-1 所示，若 $L<C$ ，则为容性电路，$\varphi<0$。

（　　）18. 在交流电路中，电流的频率越高，电容的容抗越大。

（　　）19. 纯电感在交流电路中相当于短路。

（　　）20. 电解电容器有正、负极，使用时负极接高电位，正极接低电位。

（　　）21. 谐振电路的品质因数越高，电路的选择性越好。

（　　）22. 串联谐振时，阻抗最大。

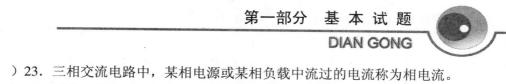

（　　）23．三相交流电路中，某相电源或某相负载中流过的电流称为相电流。

（　　）24．对称三相电源△形连接，线电压与相电压对应相等。

（　　）25．线电压为相电压的$\sqrt{3}$倍，同时线电压的相位超前相电压30°。

（　　）26．万用表测量交流电量时，示值是有效值。

（　　）27．电流表可以采用并联电阻的方法扩大量程。

（　　）28．若需要扩大直流电压表的量程，其方法是根据串联电阻分压原理在测量机构上串联一只分压电阻。

（　　）29．只卡住一根导线时，钳形电流表所指示的电流就是所测导线的实际工作电流。

（　　）30．用钳形电流表测量三相平衡负载电流时，钳口中放入两相导线时的指示值与放入一相导线时的指示值不相等。

（　　）31．安装照明灯具的要求是灯具导线可以有接头，但必须接地或接零的灯具金属外壳应与接地螺栓和接地网可靠连接。

（　　）32．变压器可以把某一电压的交流电能变换成另一电压的交流电能。

（　　）33．只要改变流入定子线圈的电源相序，即可实现三相异步电动机正反转控制。

（　　）34．三相异步电动机中转子的转速n一定要小于旋转磁场的同步转速n_0。

（　　）35．在三相异步电动机启动的最初，由于旋转磁场已经产生，但转子没动，即$n=0$，此时转差率$S=0$。

（　　）36．交流电动机的主要功能是进行机电能量转换。

（　　）37．常用的低压电器有闸刀开关和转换开关、熔断器等其他电器共10种。

（　　）38．一般热继电器的动作电流整定值为电动机额定电流的2～3倍。

（　　）39．三相异步电动机点动控制电路中，启动按钮的两端一定要和接触器的常开辅助触头并联。

（　　）40．接触器自锁控制线路具有失压和欠压保护功能。

二、选择题（在括号中填上所选答案的字母）（每题1分，共40分）

1．触电的原因，可能是人体直接接触带电导体；也可能是绝缘损坏，工作人员接触（　　）而造成。

  A．金属外壳   B．金属构架

  C．金属框架   D．带电的金属外壳

2．下列灭火器材中，不适用于电气灭火的是（　　）灭火器。

  A．二氧化碳 B．四氯化碳 C．干粉   D．泡沫

3．一般规定（　　）定向移动的方向为电流的方向。

  A．正电荷   B．负电荷   C．电荷   D．正电荷或负电荷

4．电流总是从高电位流向低电位，这一结论适用于（　　）。

  A．内电路   B．外电路   C．全电路   D．任何电路

5．在电路中若用导线将负载短路，则负载中的电流（　　）。

  A．为很大的短路电流   B．为零

  C．与短路前一样大   D．略有减小

6．若将一段电阻值为 R 的导线均匀拉长至原来的两倍，则其电阻值为（　　）。

　　A．$2R$　　　　　　B．$R/2$　　　　　　C．$4R$　　　　　　D．$R/4$

7．电阻 R_1，R_2，R_3 串联后接在电源上，若电阻上的电压关系是 $U_1 > U_3 > U_2$，则三只电阻值之间的关系是（　　）。

　　A．$R_1 < R_2 < R_3$　　　　　　　　　　B．$R_1 > R_3 > R_2$

　　C．$R_1 < R_3 < R_2$　　　　　　　　　　D．$R_1 > R_2 > R_3$

8．一只电阻接在内阻为 0.1Ω，电动势为 $1.5V$ 的电源上时，流过电阻的电流为 $1A$ 则该电阻上的电压等于（　　）V。

　　A．1　　　　　　B．1.4　　　　　　C．1.5　　　　　　D．0.1

9．如图 10-2 所示的电路中，正确的端电压 U 为（　　）。

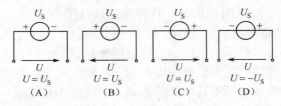

图 10-2

10．如图 10-3 所示电路中，求电压 U_{ab}=（　　）。

　　A．2V　　　　　　B．18V　　　　　　C．10V　　　　　　D．8V

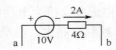

图 10-3

11．已知某节点 A，流入该节点电流为 $10A$，则流出该节点电流为（　　）。

　　A．0A　　　　　　B．5A　　　　　　C．10A　　　　　　D．不能确定

12．一只标有"100Ω，$1/2W$"字样的电阻，其在工作时允许通过的最大电流为（　　）。

　　A．0.0707A　　　　B．0.707A　　　　C．0.05A　　　　D．不能确定

13．如图 10-4 所示的电路中，各灯的规格相同。当 HL_3 断路时，出现的现象是（　　）。

　　A．HL_1，HL_2 变亮，HL_4 变暗

　　B．HL_1，HL_2 变暗，HL_4 变亮

　　C．HL_1，HL_4 变亮，HL_2 变暗

　　D．HL_1，HL_2，HL_4 都变亮

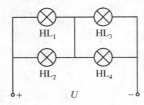

图 10-4

14. 电功率常用的单位有（　　　）。

    A．W　　　　　　　　　　　　　B．kW

    C．mW　　　　　　　　　　　　D．W，kW，mW

15. 如果电路中参考点的选择改变后，则（　　　）。

    A．各点的电位值不变　　　　　　B．各点的电位值都变

    C．各点间的电压都变　　　　　　D．各点的电位值有的变、有的不变

16. 正弦交流电的有效值（　　　）。

    A．在正半周不变化，负半周变化　　B．在正半周变化，负半周不变化

    C．不随交流电的变化而变化　　　　D．不能确定

17. $u=\sin(2\omega t)$ 是（　　　）电压。

    A．脉动　　　　　B．正弦交流　　　　C．交流　　　　D．直流

18. 将一只100W的白炽灯泡分别接入220V交流电源上或220V直流电源上，灯泡的亮度（　　　）。

    A．前者比后者亮　　　　　　　　B．一样亮

    C．后者比前者亮　　　　　　　　D．不能确定

19. 当 $t=0.01$s 时，电流 $i=10\sin314t$ 的值为（　　　）。

    A．3.14A　　　B．10A　　　C．−10A　　　D．0 A

20. 电路波形如图10-5所示，则电压的瞬时值表达式为（　　　）；

    A．$u_L=100\sin(300t+30°)$V

    B．$u_L=100\sin(300t−30°)$V

    C．$u_L=100\sqrt{2}\sin(300t+30°)$V

    D．$u_L=100\sqrt{2}\sin(300t−30°)$V

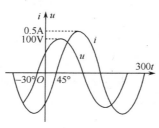

图 10-5

21. 电路波形如图10-5所示，则电压和电流的相位差 $\Phi=$（　　　）。

    A．30°　　　　B．45°　　　　C．−75°　　　　D．75°

22. 如图10-6所示是电压与电流的相量图，设角频率 $\omega=314$rad/s，下列描述正确的是（　　　）。

    A．$u=220\sin(314t+\dfrac{\pi}{6})$　　　　B．$u=220\sqrt{2}\sin(314t+\dfrac{\pi}{6})$

    C．$i=5\sin(314t+\dfrac{\pi}{4})$　　　　D．$i=5\sqrt{2}\sin(314t+\dfrac{\pi}{4})$

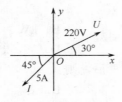

图 10-6

23. 如图 10-7 所示正弦交流电路中，已知电压表 V_1 读数为 10V，电压表 V_2 读数为 20V，则电压表 V 读数为（　　）。

　　A．30V　　　　　　B．10V　　　　　　C．$10\sqrt{5}$ V　　　　　D．$30\sqrt{5}$ V

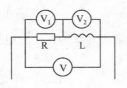

图 10-7

24. 在电阻、电容串联交流电路中，既有能量消耗又有能量交换，消耗能量的组件是（　　）。

　　A．电感　　　　　　B．电容　　　　　　C．电阻　　　　　　D．电阻、电感

25. 在电阻、电感串联交流电路中，电源频率越高其阻抗（　　）。

　　A．越小　　　　　　B．越大　　　　　　C．不变　　　　　　D．变化趋势不确定

26. 正弦交流电路中的负载；若（　　）占的比重越大，其功率因数就越高。

　　A．电感　　　　　　B．电容　　　　　　C．电阻　　　　　　D．电抗

27. RLC 串联电路发生串联谐振时，下列描述正确的是（　　）。

　　A．阻抗角等于零　　　　　　　　　　B．电压与电流反相

　　C．电路表现为感性　　　　　　　　　D．电路表现为纯电阻性

28. 在对称三相交流电路中，负载接成△形时，线电流是相电流的（　　）倍。

　　A．3　　　　　　　　B．$\sqrt{3}$　　　　　　C．$1/\sqrt{3}$　　　　　D．1/3

29. 一台三相异步电动机，其铭牌上标明的额定电压为 220V/380V，其接法应是（　　）。

　　A．△/Y　　　　　B．Y/△　　　　　C．Y/Y　　　　　　D．△/△

30. 万用表欧姆挡的红表笔与（　　）相连。

　　A．内部电池的正极　　　　　　　　　B．内部电池的负极

　　C．表头的正极　　　　　　　　　　　D．黑表笔

31. 万用表使用完毕后，应将转换开关置于（　　）。

　　A．电流挡　　　　　B．电阻挡　　　　　C．空挡　　　　　　D．任意挡

32. 关于电压表的使用，下列叙述正确的是（　　）。

　　A．并联在被测电路中　　　　　　　　B．串联在被测电路中

　　C．既可并联又可串联在被测电路中　　D．直流电压表也可直接测量交流电压

33. 电压表使用时要与被测电路（　　　）。
    A. 串联　　　　　B. 并联　　　　　C. 混联　　　　　D. 短路

34. 用兆欧表对电路进行测试，检查元器件及导线绝缘是否良好，相间或相线与底板之间有无（　　　）现象。
    A. 断路　　　　　B. 开路　　　　　C. 接通　　　　　D. 短路

35. 用来测量交流电流的钳形电流表由电流互感器和（　　　）组成的。
    A. 电压表　　　　B. 功率表　　　　C. 电流表　　　　D. 电能表

36. 当变压器一次绕组的端电压 U_1 和负载的功率因数 $\cos\Phi_2$ 都一定时，二次绕组的电压 U_2 伴随次级电流 I_2 的变化关系，称为变压器的（　　　）。
    A. 外特性　　　　B. 变比　　　　　C. 电磁关系　　　　D. 输入特性

37. 关于白炽灯的说法，正确的是（　　　）。
    A. 光效较高，使用寿命长
    B. 灯丝加热缓慢，不能瞬时启动
    C. 是纯电感性负载
    D. 灯丝的冷态电阻比热态电阻小得多，在点燃瞬时电流较大

38. 电源的线电压为 380V，三相异步电动机如定子绕组的额定电压为 380V，则定子绕组必须接成（　　　）。
    A. 星形　　　　　B. 三角形　　　　C. 矩形　　　　　D. 正方形

39. 下列功能中，不属于接触器控制所具有的功能是（　　　）。
    A. 能远距离频繁操作　　　　　　B. 广泛用于电动控制电路
    C. 能用来切断短路和过负荷电流　　D. 能实现欠压保护

40. 具有过载保护的接触器自锁控制线路中，实现短路保护的电器是（　　　）。
    A. 熔断器　　　　B. 热继电器　　　C. 接触器　　　　D. 电源开关

三、计算题（每题 10 分，共 20 分）

1. 已知某一阻抗 Z 的两端电压和流过的电流（关联参考方向）分别为 $\dot{U}=110\angle30°\,\text{V}$，$\dot{I}=5\angle-30°\,\text{A}$，求复阻抗 Z、等效电阻 R、等效感抗 X_L、有功功率 P、无功功率 Q、视在功率 S 和功率因数 λ。

2. 已知某三相异步电动机的铭牌数据为 20kW，1460r/min，50Hz，380V，32.5A，$\cos\Phi$=0.88，△形接法。
    求：（1）额定转矩；
    （2）额定效率；
    （3）额定转差率；
    （4）电动机的磁极数。

（B 卷）

一、判断题（正确的在括号中填上√，错误的在括号中填上×）（每题 1 分，共 40 分）

（　　）1．人体触电伤害程度取决于通过人体电流的大小。

（　　）2．电气故障修复完毕，可以先进行通电试运行，然后再投入正常运行。

（　　）3．电工常用低压试电笔检测电压的范围是 60～250V。

（　　）4．电力系统是由发电设备、输配电设备（包括高低压开关、变压器、电线电缆）等组成。

（　　）5．自然界的电荷可以分为两种，一种叫正电荷，另一种叫负电荷。

（　　）6．在任何闭回路中，各段电压的和为零。

（　　）7．电流不经过负载直接与电源形成回路的情况称为短路。

（　　）8．将一段电阻值为 R 的金属导线平均截成两段后再并接起来，其电阻为 $4R$。

（　　）9．有一只 200Ω 的电阻，在工作时电流为 0.02A，则其电功率为 0.08W。

（　　）10．导体的电阻与其两端的电压成正比。

（　　）11．两只电阻器额定功率一样，电阻值大的允许通过的电流就大。

（　　）12．正弦交流电的三要素是有效值、频率和周期。

（　　）13．交流电的有效值是交流电在一个周期内的平均值。

（　　）14．将一个用电器并联在有效值为 220V 的正弦交流电压源上使用，则其耐压值应不小于 220V。

（　　）15．电路如图 10-8 所示，则 $\dot{u} = \dot{u}_R + \dot{u}_L + \dot{u}_C$。

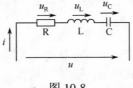

图 10-8

（　　）16．电路如图 10-8 所示，则 $U = \sqrt{u_R^2 + u_L^2 + u_C^2}$。

（　　）17．电路如图 10-8 所示，若 $L > C$，则为感性电路，$\varphi > 0$。

（　　）18．充电电流能穿过电容器，从一个极板到达另一个极板。

（　　）19．纯电容在直流电路中相当于短路。

（　　）20．电感电路中存在的无功功率属于无用功，应该尽量减小。

（　　）21．谐振频率一定时，品质因数越高，则电路的通频带越宽、选择性越好。

（　　）22．并联谐振时，阻抗最大。

（　　）23．Y 连接的对称三相交流电源中，相电压是线电压的 $\sqrt{3}$ 倍，相电压超前线电压 30°。

（　　）24．交流电流表指示的数值是平均值。

（　　）25．若需要扩大直流电流表的量程，其方法是根据并联电阻分流原理在测量机构上串联一只分流电阻。

（　　）26．钳形电流表测量电流时，可以不断开电路进行测量。

（　　）27．用钳形电流表测量三相平衡负载电流时，钳口中放入两相导线时的指示值与放入一相导线时的指示值应该相等。

（　　）28．穿过线圈的磁通量变化率越小，则感应电动势越大。

（　　）29．构成变压器的主要部件是铁芯和线圈绕组。

（　　）30．变压器可以把某一电压的交流电能变换成同频率的另一电压的交流电能。

（　　）31．电流互感器正常运行时，如次级开路则铁芯将高度饱和，而在次级绕组感应高电压，危及设备和人身安全。

（　　）32．使用兆欧表时，摇动手柄的速度不宜太快或太慢，一般规定为 120r/min。

（　　）33．将按钮按下时，一对原来断开的触头被接通，这对触头称为动断触头。

（　　）34．三相异步电动机中转子的转速 n 一定要大于旋转磁场的同步转速 n_0。

（　　）35．在三相异步电动机启动的最初，由于旋转磁场已经产生，但转子没动，即 $n=0$，此时转差率 $S=1$。

（　　）36．常用的低压电器可分为低压控制电器和低压保护电器两大类。

（　　）37．自动空气开关能实现短路、过载和欠压保护。

（　　）38．热继电器不能做短路保护的器件。

（　　）39．三相异步电动机点动控制电路中，启动按钮的两端一定要和接触器的常闭辅助触头并联。

（　　）40．接触器互锁正反转控制线路中，正、反转接触器有时可以同时闭合。

二、选择题（在括号中填上所选答案的字母）（每题 1 分，共 40 分）

1．发现有人触电而附近没有开关时，可用（　　）把电线切断。

    A．电工钳或电工刀　　　　　　　　B．电工钳或铁棒

    C．绝缘手钳或干燥的木棒　　　　　D．电工刀或斧头

2．低压带电作业时，（　　）。

    A．既要戴绝缘手套，又要有人监护

    B．戴有绝缘手套，不要有人监护

    C．有人监护不必戴绝缘手套

    D．不戴绝缘手套，也不要有人监护

3．电流的方向就是（　　）。

    A．负电荷定向移动的方向　　　　　B．电子定向移动的方向

    C．正电荷定向移动的方向　　　　　D．正电荷定向移动的相反方向

4．电阻器反映导体对（　　）起阻碍作用的大小，简称电阻。

    A．电压　　　　　B．电动势　　　　　C．电流　　　　　D．电阻率

5．将额定值为 220V/100W 的白炽灯接在 110V 电路中，其实际功率为（　　）。

    A．100W　　　　B．50W　　　　C．25W　　　　D．12.5W

6. 一根电阻丝的电阻值为 25Ω，如果把它切成若干段然后并联起来，恰好使总电阻等于 1Ω，则应该将该段电阻丝切成（　　　）。

    A. 2　　　　　　　　B. 3　　　　　　　　C. 4　　　　　　　　D. 5

7. 如图 10-9 所示电路中 R_{ab} 的值为（　　　）。

    A. $R_1+R_2+R_3$　　　　　　　　　　　　　B. $R_1+R_2\times R_3/(R_2+R_3)$

    C. $R_3+R_1\times R_2/(R_1+R_2)$　　　　　　　D. $R_2+R_1\times R_3/(R_1+R_3)$

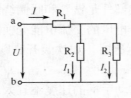

图 10-9

8. 如图 10-10 所示电路的等效电阻 $R_{ab}=$（　　　）。

    A. 1Ω　　　　　　　B. 2Ω　　　　　　　C. 3Ω　　　　　　　D. 4Ω

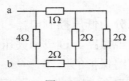

图 10-10

9. 一只标志为"220V/100W"的灯泡，其电阻为（　　　）。

    A. 2.2Ω　　　　　B. 0.45Ω　　　　　C. 484Ω　　　　　D. 不能确定

10. 一只"220V/100W"的灯泡，如果误接在 110V 的电源上，此时灯泡将（　　　）。

    A. 变暗　　　　　　B. 变亮　　　　　　C. 烧毁　　　　　　D. 不能确定

11. 内阻为 0.1Ω，电动势为 1.5V 的电源两端接一只 1.4Ω的电阻，内阻上的压降为（　　　）。

    A. 1 V　　　　　　B. 0.5 V　　　　　C. 0.1 V　　　　　D. 1.4 V

12. 如图 10-11 所示的电路中，正确的端电压 U 为（　　　）。

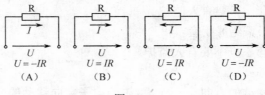

图 10-11

13. $\Sigma I=0$ 只适用于（　　　）。

    A. 节点　　　　　　　　　　　　　　　　B. 复杂电路的节点

    C. 闭合曲面　　　　　　　　　　　　　　D. 节点和闭合曲面

14. 基尔霍夫电流定律是研究电路（　　）之间关系的。

　　A．电压与电流　　　　　　　　　B．通过节点的各电流

　　C．电压、电流、电阻　　　　　　D．回路电压与电动势

15. 与参考点有关的物理量是（　　）。

　　A．电流　　　　　B．电压　　　　C．电位　　　　D．电动势

16. 大小和方向随时间（　　）的电流称为正弦交流电。

　　A．变化　　　　　B．不变化　　　C．周期性变化　　D．按正弦规律变化

17. 电流 $i=\sin314t$ 的三要素是（　　）。

　　A．0，314rad/s，0°　　　　　　B．1A，314rad/s，1°

　　C．0，314rad/s，1°　　　　　　D．1A，314rad/s，0°

18. 单相正弦交流电压的最大值为 311V，它的有效值是（　　）。

　　A．200V　　　　　B．220V　　　　C．380V　　　　D．250V

19. 交流电路中，一用电器上的电压和通过的电流的瞬时表达式为 $u_L=220\sqrt{2}\sin(100\pi t)$V，$i_L=10\sqrt{2}\sin(100\pi t-\dfrac{\pi}{4})$A，则电压的最大值为（　　）V；有效值为（　　）V；角频率为（　　）；频率为（　　）Hz；周期为（　　）s；初相为（　　）。电流的最大值为（　　）A；有效值为（　　）A；角频率为（　　）；频率为（　　）Hz；周期为（　　）s；初相为（　　）。

　　A．220　　　　　B．$220\sqrt{2}$　　　　C．100π/s　　　　D．50

　　E．0.02　　　　　F．0　　　　　　G．$10\sqrt{2}$　　　　H．10

20. 已知正弦交流电压和电流的瞬时表达式为 $u_1=220\sqrt{2}\sin(314t+30°)$V，$u_2=50\sin(200t+90°)$V，$i_1=10\sin(314t+45°)$V，$i_2=2\sqrt{2}\sin(314t-15°)$A，则下面正确答案是（　　）。

　　A．u_1 超前 i_1 15°　　　　　　B．u_1 超前 i_2 45°

　　C．u_2 超前 i_1 45°　　　　　　D．u_2 超前 i_2 105°

21. 如图 10-12 所示正弦交流电路中，已知电压表 V_1 读数为 30V，电压表 V_2 读数为 40V，则电压表 V 读数为（　　）。

　　A．10V　　　　　B．50V　　　　C．60V　　　　D．70V

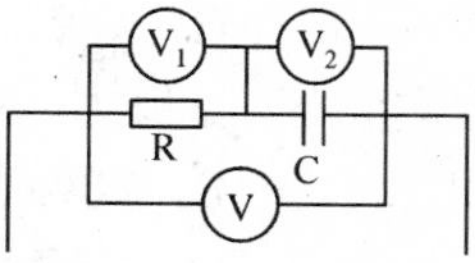

图 10-12

22. 在电阻、电容串联交流电路中，复阻抗为（　　）。

　　A．$R+jX_C$　　　　　　　　　　B．$R-jX_C$

　　C．$\sqrt{R^2+jX_C^2}$　　　　　　　D．$\sqrt{R^2+X_C^2}$

23. 在 RLC 串联电路中当 $X_L<X_C$ 时电路呈（　　）。

　　A．感性　　　　　B．容性　　　　C．阻性　　　　D．谐振

24. 关于 RLC 串联交流电路发生谐振，下列叙述错误的是（　　）。

    A．电路呈电阻性　　　　　　　　　　B．称为电压谐振

    C．电阻上的电压达到最大值　　　　　D．电源仍向回路输送无功功率

25. 对称三相负载作Y连接时，线电压是相电压的（　　）。

    A．$\sqrt{3}$ 倍　　　　　B．$1/\sqrt{3}$ 倍　　　　　C．3 倍

26. 当用电流表测量电流时，须将电流表与电路进行（　　）。

    A．串联　　　　　B．并联　　　　　C．混联　　　　　D．任意连接

27. 关于电流表的使用，下列叙述正确的是（　　）。

    A．串联在被测电路中

    B．并联在被测电路中

    C．既可并联又可串联在被测电路中

    D．直流电压表也可直接测量交流电压

28. 万用表的电阻挡的标尺是（　　）。

    A．反向且不均匀　　　　　　　　　　B．反向且均匀

    C．正向且不均匀　　　　　　　　　　D．正向且均匀

29. 电流表要与被测电路（　　）。

    A．断开　　　　　B．串联　　　　　C．并联　　　　　D．混联

30. 兆欧表屏蔽端钮的作用为（　　）。

    A．屏蔽被测物的表面漏电流　　　　　B．屏蔽外界干扰磁场

    C．屏蔽外界干扰电场　　　　　　　　D．保护兆欧表，以免其线圈被烧毁

31. 使用钳形电流表时，应选择（　　），然后再根据读数逐次切换。

    A．最低挡位　　　　　B．最高挡位　　　　　C．刻度 1/2 处　　　　　D．没有要求

32. 测量 1Ω 以下小阻值电阻的方法有（　　）。

    A．电流表法和电压表法　　　　　　　B．双臂电桥

    C．单臂电桥　　　　　　　　　　　　D．万用表

33. 电弧焊接电路中的负载是（　　）。

    A．电焊机　　　　　B．工件　　　　　C．电弧　　　　　D．焊条

34. 三相变压器铭牌上的额定电压指（　　）。

    A．初级、次级绕组的相电压　　　　　B．初级、次级绕组的线电压

    C．变压器内部的电压降　　　　　　　D．带负载后初级、次级绕组电压

35. 交流接触器铭牌上的额定电流是指（　　）。

    A．主触头的额定电流　　　　　　　　B．主触头控制受电设备的工作电流

    C．辅助触头的主触头　　　　　　　　D．负载短路时通过主触头的电流

36. 下列功能中，不属于接触器控制所具有的功能是（　　）。

    A．能远距离频繁操作　　　　　　　　B．广泛用于电动控制电路

    C．能用来切断短路和过负荷电流　　　D．能实现欠压保护

37. 要使三相异步电动机的旋转磁场方向改变，只需要改变（　　）。

    A．电源电压　　　　　B．电源相序　　　　　C．电源电流　　　　　D．负载大小

38. 按下复合按钮时（　　）。

    A．动断触点先断开　　　　　　　　B．动合触点先闭合

    C．动合、动断触点同时动作　　　　D．动合、动断触点均不动作

39. 要求几台电动机的启动或停止必须按一定的先后次序来完成的控制方式称为（　　）。

    A．位置控制　　　B．多地控制　　　C．顺序控制　　　D．连续控制

40. 电磁式和电子式两种漏电保护器相比，电磁式（　　）。

    A．需要辅助电源　　　　　　　　B．不需要辅助电源

    C．受电源波动影响大　　　　　　D．抗干扰能力差

三、计算题（每题 10 分，共 20 分）

1. 某 RL 串联电路中，电源为 100V、50Hz 的正弦交流电，实测电流 $I=1A$，有功功率 $P=120W$，求电路的电阻 R 和电感量 L 各为多少？

2. Y160M-4 型三相异步电动机的 $U_L=380V$，$I_L=22.1A$，$P_N=22kW$，$\cos\Phi=0.84$，$n_N=1450$ r/min，$\lambda=2.2$。求额定转矩 T_N、启动转矩 T_{st} 和额定效率 η_N。

第十一章　电子实训室的认识与基本技能训练

第一节　知　识　试　题

一、判断题（正确的在括号中填上√，错误的在括号中填上×）（每题 1 分，共 30 分）

（　　）1．电烙铁是手工焊接的主要工具，其主要部分是烙铁芯。

（　　）2．烙铁芯有绕制在云母或瓷管上的电阻丝组成。

（　　）3．在焊接电子元器件时，一般宜采用 20W 以下的电烙铁。

（　　）4．烙铁头是采用紫铜做成的，高温下易氧化，因此新烙铁头应先进行搪锡处理。

（　　）5．焊锡是一种铅锡合金，有熔点低、流动性好，对元件和导线附着力强，机械强度高等优点。

（　　）6．常用的管状焊锡丝，因将松香包在其中，所以在焊接电子元器件时可以不用助焊剂。

（　　）7．手工焊接的基本步骤：焊件的表面清洁和搪锡、加热焊件和放上焊锡丝、移开焊锡丝和电烙铁。

（　　）8．在焊接电子元器件时，对于干净的焊件，其表面可以不做清洁工作。

（　　）9．焊接前焊件表面清洁工作是保证焊接质量的关键。

（　　）10．电烙铁在加热使用时，有时为了去掉多余的焊锡，可以适当敲击。

（　　）11．电烙铁外壳不接地线。

（　　）12．若焊锡难以融化，可将烙铁头在焊点上来回拉动或用力下压。

（　　）13．为保证焊接质量，焊点上焊锡应越多越好。

（　　）14．在焊接电子元器件时，完成焊接后即可松动被焊元件或引线。

（　　）15．凡是利用电子器件和电路技术组成的，用于测量各种电磁参量或产生供测量用的电信号的装置称为电子仪器。

（　　）16．电子实训室常用的仪器仪表有信号发生器、电压表、电流表、万用表、交流毫伏表、电子示波器等。

（　　）17．直流稳压电源能提供稳定的直流电压。

（　　）18．双路直流稳压电源使用时，当需要输出高电压，可以将二路输出串联或多机串联使用。

（　　）19．双路直流稳压电源使用时，当负载所需电流较大，可以将二路输出并联或多台电源并联。

（　　）20．电子电压表具有灵敏度高、输入阻抗高、可测的电压范围和频率范围宽等优点。

（　　）21．电子电压表可测量毫伏、微伏的交直流电压。

（　　）22．电子电压表在未接通电源时，应对电压表进行机械调零和电气调零。

（　　）23．电子电压表在使用中，每次变换量程后都应重新调零。

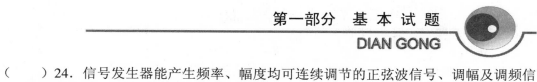

（　　）24．信号发生器能产生频率、幅度均可连续调节的正弦波信号、调幅及调频信号，以及各种频率的方波、三角波、锯齿波等信号。

（　　）25．电子示波器能直接显示被测信号的波形。

（　　）26．普通示波器所要显示的是被测电压信号随频率而变化的波形。

（　　）27．电子示波器能对非电量进行测量。

（　　）28．电子示波器用来捕获、显示、分析各种电信号的波形和瞬变过程，测量其大小、频率和相位等电参数。

（　　）29．双踪示波器可同时显示两种不同的电信号。

（　　）30．要按照电子仪器仪表说明书的要求进行操作。

二、选择题（在括号中填上所选答案的字母）（每题1分，共16分）

1．电子实训室常用的仪器仪表有电压表、电流表、万用表、交流毫伏表、电子示波器和（　　）等。

  A．晶体管特性曲线图示仪   B．信号发生器

  C．Q表   D．电桥

2．电子实训室内的仪器设备，未经许可（　　）。

  A．可以开启   B．不准随意开启

  C．可以搬弄   D．可以接线

3．电子实训制作的电路需经（　　）后，方可通电测试。

  A．检查无误   B．同学检查同意

  C．教师检查同意   D．可以接线

4．下列关于电烙铁使用注意事项，错误的是（　　）。

  A．不同大小的焊件应选用适合规格的电烙铁

  B．焊接时，应将焊件表面的污垢或氧化层清除干净

  C．焊接高频电子电路时，一定要有焊油

  D．焊接中，如电烙铁暂时不用，应放在安全可靠的地方

5．为了保证焊接质量、避免出现虚焊、缩短焊接时间，焊接前应做好焊件和焊点的（　　）和（　　）工作。

  A．表面清洁 B．加工成形 C．搪锡 D．加热

6．焊件表面清洁工作是用砂纸或小刀除去表面（　　）或（　　）。

  A．油污 B．绝缘层 C．氧化物 D．杂质

7．电子电压表具有灵敏度高、（　　）、可测的电压范围和频率范围宽等优点。

  A．输入阻抗高 B．输入阻抗低 C．输出阻抗高 D．输出阻抗低

8．指针式电子电压表使用时要进行（　　）调零和（　　）调零。

  A．电气 B．电子 C．机械 D．机器

9．指针式电子电压表使用时量程选择应使电表指针偏转满刻度的（　　）以上为佳。

  A．1/3 B．1/2 C．2/3 D．3/4

10．指针式电子电压表测量线路接线时，应先接上（　　），再接（　　）；拆线时，应先拆（　　），再拆（　　）。

  A．输入端 B．输出端 C．接地端 D．调整端

11．指针式电子电压表测量完毕，应将量程开关转至（　　）挡。

　　A．最小电压　　　　B．最大电压　　　　C．最小电流　　　　D．最大电流

12．信号发生器能产生频率、幅度均可连续调节的（　　）、调幅及调频信号，以及各种频率的方波、三角波、锯齿波信号等。

　　A．电波　　　　　　B．光波　　　　　　C．电磁波　　　　　D．正弦波信号

13．信号发生器按其输出的波形来分，有正弦波信号发生器、脉冲信号发生器和（　　）信号发生器。

　　A．电　　　　　　　B．光　　　　　　　C．函数　　　　　　D．电磁

14．信号发生器按其输出频率来分，有超低频、低频、视频、高频、（　　）信号发生器。

　　A．电视　　　　　　B．激光　　　　　　C．超高频　　　　　D．电磁

15．示波器开机后，至少要预热（　　）min后方可使用。

　　A．3　　　　　　　 B．5　　　　　　　 C．15　　　　　　　D．30

16．示波器荧光屏上亮点不能太亮，否则（　　）。

　　A．熔断器将熔断　　　　　　　　　　　B．指示灯将烧坏

　　C．有损示波管的使用寿命　　　　　　　D．影响使用者的安全

三、连线搭配题（每线 5 分，共 20 分）

将下列电子仪器仪表与其名称、功能用线条连接起来。

稳压电源　　　　　　　　显示信号电压波形

　　　　　　　　　　　　　　　　　　　　　输出稳定的直流电源电压

毫伏表　　　　　

信号源　　　　　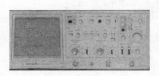　　　　测量交流信号电压

示波器　　　　　　　　　输出各种信号

四、简答题（每题 4 分，共 20 分）

1．电子测量仪器一般分成哪两大类？举例说明有哪些通用仪器。

2．信号发生器有何功能？如何合理选用和正确使用信号发生器？

3．示波器有何功能？如何合理选用和正确使用示波器？

4．直流稳压电源有何功能？如何合理选用和正确使用直流稳压电源？

5. 交流毫伏表有何功能？如何合理选用和正确使用交流毫伏表？

五、分析题（共 14 分）

有一个正弦信号，使用示波器进行测量。输入灵敏度开关选择为 10mV/div 挡，测量时信号经 10:1 衰减探头加到示波器。测得在荧光屏上的高度为 7.0707div（峰-峰值），问该信号的有效值为多少？

第二节 技 能 试 题

【试题】 印制电路板的焊接。在印制电路板上焊接 5 根跨接线、5 只电阻器、5 只电容器、2 只电感器、2 只二极管、2 只三极管和 1 块集成电路。

要求：在保持印制电路板表面干净的情况下，清除焊件的表面氧化层、加工整形、搪锡并在印制电路板上（直插、弯插）焊接。

第三节 理实一体化试题

一、试题名称

常用电子仪器的使用。

二、规定用时

30 min。

三、试题内容

由低频信号发生器产生表 11-2 中所要求的信号，用交流毫伏表测量其电压大小，用示波器观察波形并测量其电压大小和频率，将测量的结果和各仪器的读数填入表中。

四、线路图

常用电子仪器的使用线路图如图 11-1 所示。

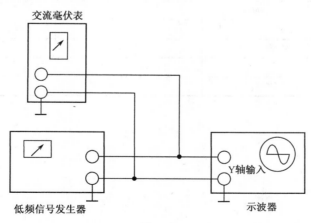

图 11-1

五、仪器和器材

常用仪器仪表见表 11-1。

表 11-1 常用仪器仪表明细表

代　号	名　　称	规格及型号	单　位	数　量
	直流稳压电源		台	1
	低频信号发生器		只	1
	交流毫伏表		只	1
	示波器		只	1
	万用表		只	1

六、方法和步骤

1．将学校现有的仪器仪表：低频信号发生器、交流毫伏表、示波器、万用表的规格及型号填入表 11-2 中。查阅仪器仪表使用说明书，了解其功能和使用方法。

2．将各仪器仪表按图 11-1 连线。

3．由低频信号发生器产生表 11-2 中所要求的信号，用交流毫伏表测量其电压大小，用示波器观察波形并测量其电压大小和频率，将测量的结果和各仪器的读数填入表中。

4．用万用表的直流电压挡，测量直流稳压电源的输出电压，使之分别为 5V 和 10V。

表 11-2 测量记录表

正弦信号		频　率	500Hz	1kHz	3kHz	10kHz
		有效值/V	0.1	0.6	1.0	2.0
低频信号发生器	旋钮	输出衰减				
	挡位	频段选择				
低频信号发生器	输出	频率/Hz				
	信号	有效值/V				
示波器	V/div	挡级				
	读数	电压峰—峰值				
	S/div	挡级				
	读数	信号频率				
交流毫伏表	量程	挡级				
	读数	电压有效值				

第十二章 常用半导体器件

第一节 知识试题

一、判断题（正确的在括号中填上√，错误的在括号中填上×）（每题 1 分，共 30 分）

（　　）1. 半导体的导电能力介于导体和绝缘体之间。

（　　）2. 在纯净半导体中掺入微量杂质，会使半导体的导电能力大大提高。

（　　）3. P 型半导体主要靠电子来导电。

（　　）4. 从二极管伏安特性可以看出，二极管正向偏置导通，反向偏置截止。

（　　）5. 用万用表不同的电阻挡测二极管正反向电阻，读数是不相同的。

（　　）6. 稳压二极管是采用特殊工艺制造的面结合型二极管，反向击穿曲线更为陡峭，只要限制击穿电流，则可长期工作在反向击穿区。

（　　）7. 三极管的电流放大作用就是能把一个微小的电流变化直接扩大为一个较大的电流变化。

（　　）8. 晶体三极管在饱和状态时，I_b 增大时，I_c 几乎不变。

（　　）9. 晶体管的集电极电流 I_c 超过 I_{CM} 时，一定会引起晶体管的损坏。

（　　）10. 选择放大电路中的晶体管时，应选用 β 值较大、I_{CEO} 值较小的晶体管。

（　　）11. 晶体管处于饱和状态时，集电极电流 I_c 为零。

（　　）12. 晶体管处于饱和状态时，基极电流 I_b 失去对集电极电流 I_c 的控制。

（　　）13. 晶体管的集电区与发射区是同类型的半导体，所以集电极和发射极可以互换使用。

（　　）14. 三极管具有 2 个 PN 结，二极管具有 1 个 PN 结，因此，可以把 2 只二极管反向连接当做 1 只三极管来使用。

（　　）15. 三极管相当于 2 个反向连接的二极管，所以基极断开后，三极管还可以当作 1 只二极管来使用。

（　　）16. 发射极处于正向偏置的三极管一定工作在放大状态。

（　　）17. 三极管的发射区和集电区都是同类型半导体材料，但 e 极和 c 极不能互换使用。

（　　）18. 选用三极管时，要求 β 越高越好。

（　　）19. 三极管起放大作用时，要求其工作在放大状态，而起开关作用时，要求其工作在截止状态或饱和状态。

（　　）20. PNP 型和 NPN 型三极管，其基极都是 N 型半导体。

（　　）21. 电流放大倍数是三极管的主要参数之一。

（　　）22. 场效应晶体管是电流控制元件，其输入电阻很小。

（　　）23. $U_{GS}=0$ 时，漏源极之间就已经存在导电沟道的场效应晶体管，叫做增强型 MOS 管。

（　　）24．半导体三极管和场效应都是具有电压放大能力的晶体管。

（　　）25．对于螺栓型晶闸管，螺栓是晶闸管的阴极。

（　　）26．晶闸管导通后，控制极仍然要保持一定的大小和宽度的触发电压。

（　　）27．某晶闸管的型号为 2CT100/800，其中的"100"表示额定正向平均电压为 100V。

（　　）28．晶闸管的通态平均电流＞200A，外部均为平板式。

（　　）29．晶闸管在遭受过电压时，会立即发生反向击穿或正向转折。

（　　）30．为了保证晶闸管的可靠触发，外加门极电压的幅值应比 U_{GT} 大几倍。

二、选择题（在括号中填上所选答案的字母）（每题 1 分，共 30 分）

1．半导体中的导电粒子有（　　）。
　　A．自由电子　　　B．正电荷　　　C．空穴　　　　D．负电荷

2．二极管内部是由（　　）所构成的。
　　A．1 个 PN 结　　B．2 个 PN 结　　C．2 块 N 型半导体　　D．2 块 P 型半导体

3．PN 结的 P 区接电源负极、N 区接电源正极，称为（　　）偏置接法。
　　A．正向　　　　　B．反向　　　　C．零　　　　　D．反向或零

4．二极管正向导通的条件是其正向电压值（　　）。
　　A．＞0V　　　　　B．＞0.3V　　　C．＞0.7V　　　D．＞死区电压

5．当二极管外加电压时，反向电流很小，且不随（　　）变化。
　　A．正向电流　　　B．正向电压　　C．电压　　　　D．反向电压

6．若用万用表测得某二极管的正反向电阻均很大，则说明该二极管（　　）。
　　A．很好　　　　　　　　　　　B．已失去单向导电性
　　C．已击穿　　　　　　　　　　D．内部已断路

7．若用万用表测得某二极管的正反向电阻均很小或为零，则说明该二极管（　　）。
　　A．很好　　　　　　　　　　　B．已失去单向导电性
　　C．已击穿　　　　　　　　　　D．内部已断路

8．判别二极管的极性是用万用表的（　　）。
　　A．电阻挡　　　　B．直流电压挡　　C．直流电流挡　　D．交流电流挡

9．锗材料二极管的"死区"电压（　　）V。
　　A．0.7　　　　　　B．0.5　　　　C．0.3　　　　　D．0.2

10．硅材料二极管的正向压降一般为（　　）V。
　　A．0.2　　　　　　B．0.3　　　　C．0.5　　　　　D．0.7

11．稳压二极管的正常工作状态是（　　）。
　　A．截止状态　　　B．导通状态　　C．反向击穿状态　　D．任意状态

12．二极管 2AP7 中的 A 代表的含义是（　　）。
　　A．N 型锗材料　　B．P 型锗材料　　C．N 型硅材料　　D．P 型硅材料

13．点接触型稳压二极管的特点是（　　）。
　　A．通过较大的电流、工作频率较低　　　B．通过较大的电流、工作频率较高
　　C．通过较小的电流、工作频率较高　　　D．通过较小的电流、工作频率较低

14. 稳压管的动态电阻 R_Z（   ），稳压性能越好。

    A．越大   B．越小   C．等于 1   D．等于 0

15. 晶体二极管正向偏置是指（   ）。

    A．正极接高电位，负极接低电位   B．正极接低电位，负极接高电位

    C．二极管没有正负极之分   D．二极管的极性任意接

16. 1 只三极管内部包含有（   ）个 PN 结。

    A．1   B．2   C．3   D．4。

17. 晶体管放大区的放大条件为（   ）。

    A．发射结正偏、集电结反偏   B．发射结反偏或零偏、集电结反偏

    C．发射结和集电结正偏   D．发射结和集电结反偏

18. 晶体三极管的极性判断是依据三极管的（   ）特性。

    A．反向击穿电压   B．电流稳定性

    C．电流放大、PN 经单向导电性   D．电压放大

19. 在共发射极放大电路中，晶体三极管的输出电流由（   ）决定。

    A．U_{ce} B．U_R C．I_b D．外加电源和 R_c

20. 要使晶体三极管工作在放大区，各极间电压应满足（   ）。

    A．发射结、集电结均为正向电压

    B．发射结、集电结均为反向电压

    C．发射结为正向电压、集电结为反向电压

    D．发射结为反向电压、集电结为正向电压

21. 下列参数中，不属于三极管极限参数的是（   ）。

    A．反向饱和电流   B．反向击穿电压

    C．集电极最大允许电流   D．集电极最大耗散功率

22. 晶体三极管的（   ）无法用万用表测试。

    A．电流放大倍数 β B．晶体管的管型

    C．截止频率   D．穿透电流 I_{ceO}

23. 硅材料低频大功率三极管的型号为（   ）。

    A．3AD   B．3BD   C．3AX   D．3DD

24. 低频大功率三极管的型号为（   ）系列。

    A．3AX   B．3AD 或 3DD   C．3AG 或 3DG   D．3AA

25. 一般不宜用万用表的 R×1 挡或 R×10k 挡测试晶体三极管，是因为（   ）。

    A．R×1 挡电压太高   B．R×1 挡电流太小

    C．R×10k 挡电压较低   D．R×10k 挡电压较高。

26. 晶体三极管共发射极的电流放大系数 β 为（   ）。

    A．I_e/I_b B．I_c/I_b C．$\Delta I_e/\Delta I_b$ D．$\Delta I_c/\Delta I_b$

27. 测定 NPN 型三极管各极直流电压为 U_c=6V，U_b=3V，U_e=2.3V，则三极管处于（   ）状态。

    A．放大   B．饱和   C．截止   D．无法判断

28. 场效应管是（   ）。

    A．电流控制器件   B．电压控制器件

    C．磁场控制器件   D．电阻控制器件

29. 晶体管的饱和条件是（   ）。

    A．$|U_{be}| \geq 0$ B．$I_b \leq I_{bS} = V_{CC}/\beta R_c$

    C．$I_b \geq I_{bS} = V_{CC}/\beta R_C$ D．$|U_{be}| \leq 0$

30. 三极管的主要特性是具有（   ）。

    A．电流放大   B．电压放大   C．单向导电   D．电流和电压放大

三、分析计算题（共 40 分）

1. 设二极管为理想的，试判断如图 12-1 所示电路中二极管是导通还是截止，并求出 AO 两端电压 U_{AO}。（10 分）

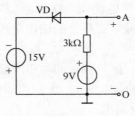

图 12-1

2. 某三极管的输出特性曲线如图 12-2 所示，请写出其参数值。（8 分）

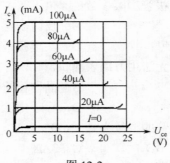

图 12-2

3. 在电路中，测得三极管两个电极之间的电压如图 12-3 所示，问三极管工作在什么状态？（12 分）

          （a）   （b）   （c）

图 12-3

4. 如图 12-4 所示，放大电路中某三极管的 3 个引脚分别为①，②，③，测得各引脚对地电压分别为 -5V，-10V，-4.3V，则①引脚是_____极，②引脚是_____极，③引脚是_____极，该管是_____型_____管。（每格 1 分，共 5 分）

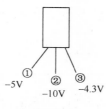

图 12-4

5. 如图 12-5 所示，放大电路中某三极管的 3 个引脚分别为①，②，③，测得各引脚的电流分别是①引脚为 0.1mA，流进三极管；③引脚 4mA，流进三极管。则①引脚是_____极，②引脚是_____极，③引脚是_____；②引脚的电流为_____；该管是_____型。（每格 1 分，共 5 分）

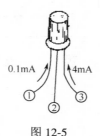

图 12-5

第二节 技能试题

【试题 1】 用万用表判断半导体二极管的性能。根据教师提供的 5 只不同型号的半导体二极管，用万用表判断其性能，将测量结果填入表 12-1 中。

表 12-1 用万用表检测半导体二极管

序　　号	型　　号	正 向 电 阻	反 向 电 阻	性 能 好 坏	二极管极性
1					
2					
3					
4					
5					

【试题 2】 用万用表判别半导体三极管的引脚和管型。根据教师提供的 5 只不同型号的半导体三极管，用万用表判断其引脚和管型，将测量结果填入表 12-2 中。

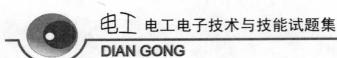

表12-2　半导体三极管的引脚和管型

序　号	1	2	3	4	5
型号					
引脚图					
管型					
合格否					

【试题3】　用万用表判别晶闸管的引脚。根据教师提供的 5 只不同型号的晶闸管，用万用表判断其引脚，将测量结果填入表 12-3 中。

表12-3　晶闸管的引脚

序　号	1	2	3	4	5
型号					
引脚图					
合格否					

第三节　理实一体化试题

一、试题名称

常用半导体器件的识别和检测。

二、规定用时

30 min。

三、试题内容

查阅半导体器件产品手册，填写半导体器件的主要参数；用万用表检测半导体器件的性能、引脚。

四、仪器和器材

元件见表12-4。

表12-4　电桥电路元器件明细表

代　号	名　称	型号及规格	单　位	数　量
	半导体二极管		只	5
	半导体三极管		只	5
	晶闸管		只	5
	万用表		只	1

五、方法和步骤

1. 按教师提供的半导体二极管查阅电子器件产品手册，将参数填入表 12-5 中；用万用表判断半导体二极管的极性和性能，填入表中。

表 12-5 半导体二极管的主要参数

项　　目 ＼ 序　号	1	2	3	4	5
型号					
额定整流电流/mA					
额定电流时正向压降/V					
最高反向工作电压/V					
最高反压下的反向电流/μA					
导通电压/V					
正向电阻					
反向电阻					
性能好坏					

2. 按教师提供的半导体三极管型号查阅电子器件产品手册，将其主要参数填入表 12-6 中；用万用表判别半导体三极管的引脚和管型，并记录于表中。

表 12-6 半导体三极管主要参数

参　　数 ＼ 序　号	1	2	3	4	5
型号					
集电极最大允许电流 I_{CM}/mA					
集电极最大耗散功率 P_{CM}/mW					
集电极-发射极反向击穿电压 $U_{(BR)CEO}$/V					
集电极-发射极穿透电流 I_{CEO}/μA					
共发射极交流电流放大系数 β					
引脚图					
管型					
性能好坏					

3. 按教师提供的晶闸管型号查阅电子器件产品手册，将其主要参数填入表 12-7 中；用万用表判别半导体三极管的引脚和管型，并记录于表中。

表 12-7 晶闸管主要参数

参　　数 ＼ 序　号	1	2	3	4	5
型号					
额定正向平均电流 $I_{T(AV)}$/mA					
重复峰值电压 U_{DRMM}/V					
维持电流 I_H/mA					
通态平均电压 U_F/V					
门极触发电流 I_{GT}/mA					
门极触发电压 U_{GT}/V					
引脚图					
管型					
性能好坏					

第十三章 整流、滤波和稳压电路

第一节 知 识 试 题

一、判断题（正确的在括号中填上√，错误的在括号中填上×）（每题1分，共30分）

（　　）1．直流电源是一种将交流信号转换为直流信号的信号处理电路。

（　　）2．直流电源是一种将正弦信号转换为直流信号的波形变换电路。

（　　）3．直流电源将交流能量转换为直流能量，是能量转换电路。

（　　）4．整流是将交流电转换成脉动的直流电。

（　　）5．在单相桥式整流电路中如图13-1所示，在电源电压正半周时，VD_1、VD_3导通，VD_2、VD_4反偏截止。

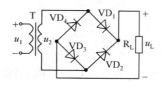

图 13-1

（　　）6．电路中用4只二极管接成电桥形式所构成的整流电路称为桥式整流电路。

（　　）7．流过整流二极管的整流电流总是等于负载电流。

（　　）8．桥式整流电路负载上输出的直流电压是变压器副边电压的0.9倍。

（　　）9．滤波是将脉动的直流电转换成较平滑的直流电。

（　　）10．电容滤波电路是在负载回路串联电容。

（　　）11．电容滤波电路的基本原理是利用电容元件两端电压不能突变，可使输出电压波形平滑，达到滤波的目的。

（　　）12．桥式整流电容滤波电路负载上输出的直流电压是变压器副边电压的1.2倍。

（　　）13．若U_2为电源变压器副边电压的有效值，则桥式整流电容滤波电路在空载时的输出电压为$\sqrt{2}\,U_2$。

（　　）14．电容滤波电路适用于负载电流较小的情况。

（　　）15．电容滤波电路外特性差、不适用于负载电流大的场合。

（　　）16．在电容滤波电路中，当负载电阻一定时，滤波电容越大，则输出电压波形越平滑、输出的直流电压也越大。

（　　）17．电感滤波电路是在负载回路并联电感。

（　　）18．电感滤波电路的基本原理是利用电感元件中电流不能突变，来抑制电流的脉动，达到滤波的目的。

（　　）19．电感滤波电路适用于负载电流较大的情况。

（　　）20．桥式整流电感滤波电路负载上输出的直流电压是变压器副边电压的0.9倍。

（　　）21．电感滤波电路外特性好、不适用于负载电流大的场合。

（　　）22．电容滤波电路带负载的能力比电感滤波电路强。

（　　）23．π型LC滤波器的外特性与电感滤波器相同，但滤波效果更好，适用于负载电流较大且电压脉动小的场合。

（　　）24．稳压是将较平滑的直流电变成稳定的直流电。

（　　）25．线性三端式集成稳压器中的调整管工作在开关状态。

（　　）26．三端集成稳压器的输出端有正、负之分，使用时不得用错。

（　　）27．开关型稳压电源中的调整管工作在开关状态。

（　　）28．开关型稳压电源比线性稳压电源效率高。

（　　）29．开关型稳压电源与线性稳压电源一样，输出电压可以有较大的调节范围。

（　　）30．单相交流调压器对于电感性负载，控制角α的移相范围为0°～180°。

二、选择题（在括号中填上所选答案的字母）（每题1分，共30分）

1．下列整流电路中，不属于单相整流电路的是（　　）。

　　A．单相半波整流电路　　　　　　　　B．单相全波整流电路

　　C．三相桥式整流电路　　　　　　　　D．单相倍压整流电路

2．整流电路通常由（　　）组成。

　　A．交流电源　　　B．变压器　　　C．直流电源　　　D．整流管　　E．负载

3．整流电路输出的电压应属于（　　）。

　　A．直流电压　　　B．交流电压　　　C．脉动直流电压　　D．恒定直流电压

4．整流电路是利用二极管的单向导电性，将交流电压变换成单一方向脉动的（　　）。

　　A．交流电流　　　B．交流电压　　　C．直流电流　　　D．直流电压

5．单相桥式整流电路中，负载上输出的直流电压是变压器副边电压的（　　）。

　　A．0.45倍　　　B．0.9倍　　　C．1.0倍　　　D．1.2倍

6．对二极管单向全波整流电路，当变压器次级交流电压有效值为20V时，输出的直流电压为（　　）。

　　A．20V　　　　B．16V　　　　C．18V　　　　D．25V

7．如图13-2所示桥式整流电路中，已知U=137V，R_L=82Ω，则I_L=（　　）A。

　　A．1.67　　　　B．1.5　　　　C．0.75　　　　D．2.36

图13-2

8．某单相桥式整流电路，输入交流电压为137V，二极管整流电流I_F=1A，则该电路能输出的直流电流及二极管承受的最大反向电压为（　　）。

　　A．U_{DM}=193V，I_L=2A　　　　　　B．U_{DM}=215V，I_L=2A

　　C．U_{DM}=193V，I_L=1A　　　　　　D．U_{DM}=215V，I_L=1A

9. 若单相桥式整流电路中有 1 只二极管已断路，则该电路（　　）。
　　A．不能工作　　　　　　　　　　B．输出电压上升
　　C．输出电压下降　　　　　　　　D．输出电压不变

10. 电容滤波电路是在负载回路（　　）电容。
　　A．串联　　　　B．并联　　　　C．混联　　　　D．串并联

11. 整流滤波电路通常由（　　）组成。
　　A．交流电源　　B．变压器　　　C．直流电源
　　D．储能元件　　E．整流管　　　F．负载

12. 在直流稳压电源中，滤波电容的作用是滤掉整流输出的（　　）。
　　A．交流成分　　B．直流成分　　C．交直流成分　　D．脉动直流

13. 整流电路加滤波器的主要作用是（　　）。
　　A．限制输出电流　　　　　　　　B．减少输出电压脉动程度
　　C．降低输出电压　　　　　　　　D．提高输出电压

14. 单相桥式整流电容滤波电路中，负载上输出的直流电压是变压器副边电压的（　　）。
　　A．0.45 倍　　B．0.9 倍　　　C．1.0 倍　　　D．1.2 倍

15. 电感滤波电路是在负载回路（　　）电感。
　　A．串联　　　　B．并联　　　　C．混联　　　　D．串并联

16. 在直流稳压电源中，滤波电感的作用是滤掉整流输出的（　　）。
　　A．交流成分　　B．直流成分　　C．交直流成分　　D．脉动直流

17. 单相桥式整流电感滤波电路中，负载上输出的直流电压是变压器副边电压的（　　）。
　　A．0.45 倍　　B．0.9 倍　　　C．1.0 倍　　　D．1.2 倍

18. 直流稳压电源通常由（　　）组成。
　　A．交流电源　　B．变压器　　　C．直流电源　　　D．整流电路
　　E．滤波电路　　E．稳压电路　　E．放大电路　　　E．负载

19. 固定式三端集成稳压器的 3 个引脚分别是输入端、输出端和（　　）。
　　A．接地端　　　B．接电端　　　C．公共端　　　D．调整端

20. CW7812 固定式三端集成稳压器的输出电压为（　　）。
　　A．6V　　　　B．12V　　　　C．−12V　　　　D．−6V

21. CW7912 固定式三端集成稳压器的输出电压为（　　）。
　　A．6V　　　　B．12V　　　　C．−12V　　　　D．−6V

22. 用固定式三端集成稳压器组成的稳压电路中，输入电容的作用是（　　）。
　　A．防止干扰　　B．消除振荡　　C．耦合　　　　D．滤波

23. 用固定式三端集成稳压器组成的稳压电路中，输出电容的作用是（　　）。
　　A．防止干扰　　B．消除振荡　　C．耦合　　　　D．滤波

24. 可调式三端集成稳压器的 3 个引脚分别是输入端、输出端和（　　）。
　　A．接地端　　　B．接电端　　　C．公共端　　　D．调整端

25. CW317 可调式三端集成稳压器其输出端和调整端间的内部电压恒等于（　　）。
　　A．0.7V　　　B．1.0V　　　　C．1.2V　　　　D．1.25V

26. CW337 可调式三端集成稳压器其输出端和调整端间的内部电压恒等于（　　）。

    A．0.7V   B．1.0V   C．−1.25V   D．−1.25V

27. 交流调压器采取通断控制方式的缺陷是（　　）。

    A．电路复杂   B．功率因数低

    C．输出电压调节不平滑   D．成本高

28. 晶闸管交流调压器可以通过控制晶闸管的通断来调节（　　）。

    A．输入电压的有效值   B．输入电压的最大值

    C．输出电流的有效值   D．输出电压的有效值

29. 晶闸管交流调压电路输出的电压与电流波形都是非正弦波，导通角 θ（　　）即输出电压越低时，波形与正弦波差别越大。

    A．输入电压的有效值   B．输入电压的最大值

    C．输出电流的有效值   D．输出电压的有效值

30. 组成晶闸管触发电路的基本环节是（　　）。

    A．同步移相   B．脉冲形成与整形

    C．脉冲封锁   D．脉冲放大与输出

三、作图题（每题 5 分，共 10 分）

1. 在线路板上有 4 只二极管的排列如图 13-3 所示，请接上交流电源和负载电阻实现桥式整流，要求画出的电路简明、整洁。

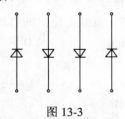

图 13-3

2. 在线路板上有如图 13-4 所示的若干元件，请在图中，连接成单相桥式整流波电容滤波电路，要求画出的电路简明、整洁。

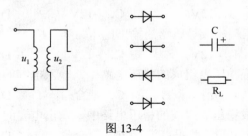

图 13-4

四、分析计算题（每题 10 分，共 30 分）

1. 桥式整流电路如图 13-5 所示，已知 u_2=20V，R_L=100Ω，C=1000μF，现用直流电压表测量输出电压 u_L，问出现下列几种情况时，其 $u_{L(AV)}$ 各为多大？

（1）正常工作时，$u_{L（AV）}$ =?

（2）二极管 VD_1 断开时，$u_{L（AV）}$ =?

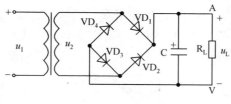

图 13-5

（3）电容 C 断开时，$u_{L（AV）}$ =?

（4）二极管 VD_1 断开，并且电容 C 断开时，$u_{L（AV）}$ =?

2．已知变压器副边交流电压频率为 50Hz、有效值 u_2＝100V，负载 R_L＝50Ω，求：

（1）如图 13-6 所示中 VD_1～VD_4 的位置上，画上半导体二极管及电容器 C，连接成单相桥式整流电容滤波电路。

（2）直流电压 $u_{L(AV)}$ 为多少？并标出 $u_{L(AV)}$ 的极性。

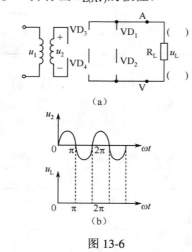

（a）

（b）

图 13-6

（3）画出负载 R_L 上 u_L 波形。

（4）选择半导体二极管。

（5）如何选择电容器 C？

3．求如图 13-7 所示三端集成稳压器的输出电压 U_o。已知 R_1＝120Ω, R_P＝1.8kΩ。

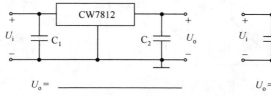

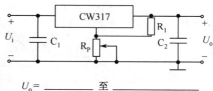

U_o = _____

U_o = _____ 至 _____

图 13-7

第二节 技 能 试 题

【试题1】   在电工电子实训台（电工电子实验箱），按如图 13-8 所示的电路图搭接单相桥式整流电路，所用元器件见表 13-1。用万用表测量单相桥式整流电路的电源变压器 T 二次电压有效值 U_2、负载上输出的直流电压 U_L 及流过负载的平均电流 I_L。

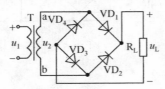

图 13-8   桥式整流电路

表 13-1   单相桥式整流电路元器件明细表

代　　号	名　　称	型号及规格	单　　位	数　　量
T	电源变压器	220V/10V	个	1
$VD_1 \sim VD_4$	整流二极管	1N4001	只	4
R_L	电阻器	RTX-0.25-1kΩ±5%	只	1

【试题2】在电工电子实训台（电工电子实验箱），按如图 13-9 所示的电路图搭接单相桥式整流电容滤波电路，所用元器件见表 13-2。用万用表测量单相桥式整流电容滤波电路的电源变压器 T 二次电压有效值 u_2、负载上输出的直流电压 u_L 及流过负载的平均电流 i_L。

表 13-2   单相桥式整流电容滤波电路元器件明细表

代　号	名　　称	型号及规格	单　位	数　量
T	电源变压器	220V/10V	个	1
$VD_1 \sim VD_4$	整流二极管	1N4001	只	4
C_1	电容器	50μF	只	1
C_2	电容器	470μF	只	1
R_L	电阻器	RTX-0.25-1kΩ±5%	只	1

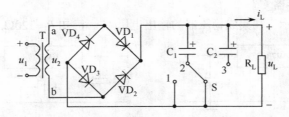

图 13-9   桥式整流电路

【试题3】分别用示波器和数字万用表观察并测量如图 13-10 所示的固定输出的三端稳压电源输出电压波形和数值。

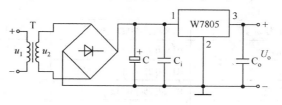

图 13-10　三端稳压电源

第三节　理实一体化试题

一、试题名称

家用调光台灯的安装和调试。

二、规定用时

90 min。

三、试题内容

在印制电路板上安装和调试如图 13-11 所示的家用调光台灯电路。

四、电原理图

电原理图如图 13-11 所示。

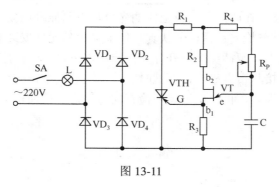

图 13-11

五、仪器和器材

元件见表 13-3。

表 13-3　家用调光台灯电路元器件明细表

代　号	名　称	型号及规格	单　位	数　量
VTH	晶闸管	3CT	只	1
$VD_1 \sim VD_4$	整流二极管	1N4007	只	4

续表

代 号	名 称	型号及规格	单 位	数 量
VT	单结晶体管	BT33	只	1
R_1	电阻器	RTX-0.25-51kΩ±5%	只	1
R_2	电阻器	RTX-0.25-300Ω±5%	只	1
R_3	电阻器	RTX-0.25-100Ω±5%	只	1
R_4	电阻器	RTX-0.25-18kΩ±5%	只	1
R_P	带开关电位器	WTH-0.25-18kΩ±5%	只	1
C	涤纶电容器	CLX-250-0.022±10%	只	1
L	灯泡	220V/25W	只	1
	灯座		只	1
	电源线			若干
	安装线			若干
PCB	印制电路板		块	1
	散热片			

六、方法和步骤

1. 识读调光台灯电原理图。该电路由 ＿＿＿＿＿＿＿＿＿＿＿＿＿＿和＿＿＿＿＿＿＿＿＿＿＿组成。其工作原理＿＿＿
＿＿＿。

改变 R_P 的电阻值，可调节＿＿＿＿＿＿＿＿＿＿＿＿＿＿＿＿＿＿＿。

2. 调光台灯的安装。在印制电路板上按调光台灯电路原理图安装调光台灯电路。

3. 调光台灯的调试与检测：调试前认真、仔细检查各元件安装的情况，然后接上灯泡，进行调试。调试时，插上电源插头，打开开关，旋转电位器，灯泡应逐渐变亮。

注意：由于电路直接与市电相连，调试时应特别注意安全，防止触电。调试前应认真、仔细检查，确认正确无误后，再经指导老师检查同意后，方可通电调试。

第十四章 放大电路与集成运算放大器

第一节 知识试题

一、判断题（正确的在括号中填上√，错误的在括号中填上×）（每题1分，共30分）

（　　）1．既有电流放大又有电压放大的电路，才称为放大电路。

（　　）2．放大电路必须加上合适的直流电源才能正常工作。

（　　）3．共发射极基本放大电路在动态时，输出电压的相位与输入电压的相位同相。

（　　）4．在共发射极基本放大电路中，静态工作点选择偏高，则输出信号易产生饱和失真。

（　　）5．处于开关状态的三极管工作在饱和区。

（　　）6．在共发射极放大电路中，当输入电流一定时，静态工作点设置太高将产生截止失真。

（　　）7．在共发射极放大电路中，当输入电流一定时，静态工作点设置太高将产生饱和失真。

（　　）8．设置静态工作点的目的是为了使信号在整个周期内不发生非线性失真。

（　　）9．单管电压放大电路动态分析时的交流通路，由于耦合电容 C_1、C_2 对交流的容抗很小，可把 C_1、C_2 看成是短路，直流电源 V_{CC} 的内阻很小，所以可把 V_{CC} 看成是短路。

（　　）10．当温度升高时，静态工作点稳定的放大回路中集电极静态电流增大，造成静态工作点下移，靠近饱和区，容易引起饱和失真。

（　　）11．共集电极放大电路的电压放大倍数小于1。

（　　）12．射极输出器有输入阻抗高、输出阻抗低的特点。

（　　）13．如要求放大电路带负载能力强、输入电阻高，应引入电流串联负反馈。

（　　）14．阻容耦合放大电路中，耦合电容的作用就是用来传输信号。

（　　）15．变压器耦合的多级放大电路中，各级静态工作点互相独立。可以进行阻抗变换，视频特性较好。

（　　）16．由多级电压放大器组成的放大电路，其总电压放大倍数是每一级放大器电压放大倍数的乘积。

（　　）17．电源电压的变化是产生零点漂移的主要原因。

（　　）18．射极输出放大电路就是一个电压串联负反馈放大电路。

（　　）19．共基极放大电路又称为电压跟随器。

（　　）20．乙类功率放大电路的效率低于甲类。

（　　）21．OCL功率放大电路要采用两组不同电压的电源供电。

（　　）22．放大电路采用正反馈的缺点是会增加电路的失真和不稳定性。

（　　）23．晶体管振荡电路必须具有正反馈特性。

（　　）24．电感三点式振荡器的振荡频率比电容三点式振荡器高。

（　　）25．集成运算放大器有2个输出端、1个输入端。

（　　）26. 集成运放的反相输入端标上"－"号表示只能输入负电压。

（　　）27. 集成运算放大器工作在线性区时，必须引入深度负反馈。

（　　）28. 集成运算放大器工作在线性区时的两个特点是"虚短"和"虚断"。

（　　）29. 在集成运放的输入和输出之间外加不同的反馈网络，即可组成各种用途的电路。

（　　）30. 电子元器件在印制电路板上的分布，应尽可能匀称合理；排列应整齐美观。

二、选择题（在括号中填上所选答案的字母）（每题 1 分，共 30 分）

1. 三极管电压放大电路中，集电极电阻 R_C 的主要作用是（　　）。
　　A. 稳定工作点　　　　　　　　B. 把电流放大转换成电压放大
　　C. 降低集电极电压　　　　　　D. 为三极管提供集电极电流

2. 在固定偏置放大电路中，若偏置电阻 R_B 断开，则（　　）。
　　A. 三极管发射结反偏　　　　　B. 三极管可能烧毁
　　C. 放大波形出现截止失真　　　D. 三极管会饱和

3. 放大电路在未输入交流信号时，电路所处工作状态是（　　）。
　　A. 动态　　　　　　B. 静态　　　　　C. 截止状态　　　　D. 放大状态

4. 放大电路设置静态工作点的目的是（　　）。
　　A. 使放大电路工作在截止区，避免信号在放大过程失真
　　B. 使放大电路工作在饱和区，避免信号在放大过程失真
　　C. 使放大电路工作在线性放大区，避免放大波形失真
　　D. 使放大电路工作在集电极最大允许电流 I_{CM} 状态

5. 在共发射极放大电路中，输入交流信号 U_i 与输出信号 U_O 相位（　　）。
　　A. 相反　　　　　　B. 相同　　　　　C. 负半周时相反　　　D. 正半周时相反

6. 单管电压放大电路是在直流电源和交流信号的共同作用下，电路中电流和电压既有直流分量又有交流分量，即在静态值的基础上叠加一个（　　）。
　　A. 直流值　　　　B. 电阻值　　　　C. 电容值　　　　D. 交流值

7. 阻容耦合放大电路就其对信号的放大能力来看，它（　　）。
　　A. 只能放大交流信号　　　　　　　　B. 只能放大直流信号
　　C. 既能放大交流信号，又能放大直流信号　　D. 都不能放大

8. 在多级放大电路的 3 种耦合方式中，效率最低的是（　　）。
　　A. 直接耦合　　　B. 阻容耦合　　　C. 变压器耦合　　D. 以上三种都是

9. 下列关于阻容耦合多级放大电路描述，正确的是（　　）。
　　A. 放大直流信号　　　　　　　B. 放大缓慢变化的信号
　　C. 便于集成化　　　　　　　　D. 各级静态工作点互不影响

10. 把（　　）的输出信号电压或电流的一部分或全部通过反馈电路，送回到输入端的过程叫反馈。
　　　A. 放大电路　　　B. 交流通路　　　C. 直流通路　　　D. 交、直流通路

11. 若反馈到输入端的是交流量，称为（　　），它能改善交流电路的性能。
　　　A. 正反馈　　　B. 负反馈　　　　C. 交流反馈　　　D. 直流反馈

12. 若反馈到输入端的是直流量，称为直流反馈，它能稳定（　　）。
    A．直流负载　　B．基极偏置电流
    C．集电极电压　　D．静态工作点

13. 欲使放大器输出电压稳定，输入电阻提高，则应采用（　　）。
    A．电压反馈　　B．电流反馈　　C．串联负反馈　　D．并联负反馈

14. 射极输出器的电压放大倍数（　　）。
    A．很大　　　　　　　　　　B．很小
    C．同共发射极　　　　　　　D．近似等于1但小于1

15. 射极输出器的特点是（　　）接法。
    A．很大的输出电阻　　　　　B．很大的输入电阻
    C．很小的输出电阻　　　　　D．电压放大倍数小于1，接近于1

16. 音频功率放大器按晶体管的工作状态可分为（　　）。
    A．甲类　　　B．乙类　　　C．甲乙类
    D．无变压器类　　E．双电源类

17. 推挽功率放大电路若不设置偏置电路，输出信号将会出现（　　）。
    A．饱和失真　　B．截止失真　　C．交越失真　　D．线性失真

18. OTL功率放大电路中与负载串联的电容器具有（　　）的功能。
    A．传送输出信号　　　　　　B．对电源滤波
    C．提高频率响应　　　　　　D．代替一组电源

19. 振荡电路产生自激振荡的振幅条件是反馈到放大器输入端的电压幅值必须等于或大于放大器的原输入（　　）幅值。
    A．电流　　　B．电阻　　　C．电容　　　D．电压

20. 在变压器耦合式振荡电路中，当振荡电路接通电源瞬间，在集电极电路中激起一个微小的（　　）变化。
    A．电容　　　B．电阻　　　C．电压　　　D．电流

21. 正弦波振荡器必须由（　　）组成。
    A．放大器、负反馈网络和选频网络　　B．放大器、正反馈网络和选频网络
    C．放大器、负反馈网络和稳压器　　　D．放大器、负反馈网络和滤波电路

22. 石英晶体振荡器的特点是（　　）。
    A．振荡器的振幅大　　　　　B．频率稳定度高
    C．频率高　　　　　　　　　D．频率的稳定性差

23. 集成运算放大器实际上是一个加有（　　）。
    A．深度负反馈的高放大倍数的直接耦合多级放大电路
    B．高放大倍数的直接耦合多级放大电路
    C．深度负反馈的直接耦合多级放大电路
    D．深度负反馈的高放大倍数的阻容耦合多级放大电路

24. 集成运算放大器内部电路一般采用直接耦合方式，因此，它能放大（　　）信号。
    A．交流　　　B．直流　　　C．电流　　　D．电阻

25. 集成运算放大器工作在线性区时，必须引入深度（　　）。

    A．正反馈　　　　　B．负反馈　　　　　C．电压反馈　　　　D．电流反馈

26. 集成运算放大器工作在线性区时的两个特点是（　　）和（　　）。

    A．虚短　　　　　　B．虚阻　　　　　　C．虚通　　　　　　D．虚断

27. 集成运算放大器输出信号和反相输入端的输入信号（　　）。

    A．相反　　　　　　B．相同　　　　　　C．相位相反　　　　D．相位相同

28. 集成运算放大器输出信号和同相输入端的输入信号（　　）。

    A．相反　　　　　　B．相同　　　　　　C．相位相反　　　　D．相位相同

29. 集成运放输入级的主要作用是（　　）。

    A．有效地抑制零点漂移　　　　　　　B．放大功能

    C．输入电阻大　　　　　　　　　　　D．输出功率大，输出电阻小

30. 下列运算电路中，集成运放具备"虚地"特点的电路是（　　）。

    A．同相比例运算电路　　　　　　　　B．反相求和运算电路

    C．减法运算电路　　　　　　　　　　D．反相比例运算电路

三、计算题（共 35 分）

1. 放大电路如图 14-1 所示，设耦合电容和旁路电容的容量足够大，已知 U_{be}=0.7V、电路其他参数如图 14-1 所示，试求：（1）画出该电路的直流通路；（2）计算电路的静态工作点 I_{BQ}，I_{CQ}，U_{CEQ}。（共 10 分）

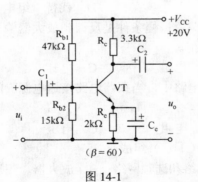

图 14-1

2. 说明图 14-2 所示的电路的名称，并计算该电路的振荡频率。（共 5 分）

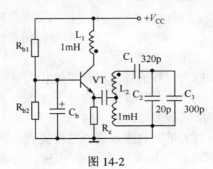

图 14-2

3. 运放应用电路如图 14-3 所示，试分别写出各电路的名称并求出输出电压 U_o 的值。（共 20 分）

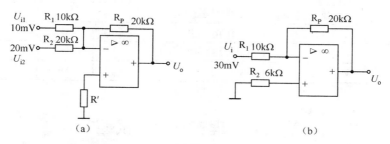

图 14-3

四、分析题（共 5 分）

试分析如图 14-4 所示电路的工作原理。

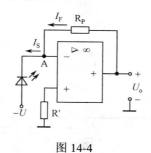

图 14-4

第二节 技 能 试 题

在电工电子实训台（电工电子实验箱），按如图 14-5 所示的电路图搭接单管共射放大电路，元器件明细见表 14-1，并用万用表测量该放大电路的静态工作点。

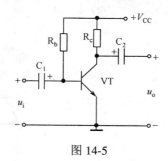

图 14-5

表 14-1 单管共射放大电路元器件明细表

代 号	名 称	型号及规格	单 位	数 量
VT	晶体三极管	3DG6	个	1
R_b	电阻器	RTX-0.25-300kΩ±5%	只	1

续表

代 号	名 称	型号及规格	单 位	数 量
R_c	电阻器	RTX-0.25-3kΩ±5%	只	1
C_1	电解电容器	CD11-16-10μF	只	1
C_2	电解电容器	CD11-16-10μF	只	1
V_{CC}	叠层电池	9V	块	1

第三节　理实一体化试题

一、试题名称

单管电压放大器电路的组装和调试。

二、规定用时

90 min。

三、试题内容

在印制电路板上组装和调试如图 14-6 所示的共射放大电路。

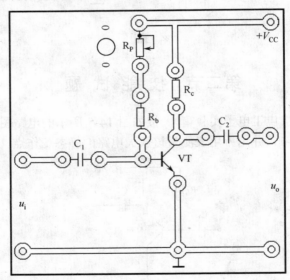

图 14-6

四、电原理图

电原理图如图 14-7 所示。

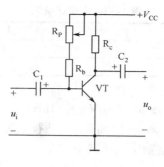

图 14-7

五、仪器和器材

元件见表 14-2 所示。

表 14-2　单管放大电路元器件及仪器仪表明细表

代　号	名　称	型号及规格	单　位	数　量
R_b	电阻器	RTX-0.125-300kΩ±5%	只	1
R_c	电阻器	RTX-0.125-3kΩ±5%	只	1
C_1	电解电容器	CD11-25V-10mF±10%	只	1
C_2	电解电容器	CD11-25V-10mF±10%	只	1
R_P	电位器	WH9-1-0.25-500kΩ±5%	只	1
VT	晶体三极管	3DG6	只	1
	印制电路板	单管放大电路	块	1
	直流稳压电源		台	1
	交流毫伏表		台	1
	双踪示波器		台	1
	万用表		台	1

六、方法和步骤

1．识读单管共射放大电路原理图。该电路各元器件的作用如下：R_b ＿＿＿＿＿＿＿＿，
R_P ＿＿＿＿＿＿＿＿＿，R_c ＿＿＿＿＿＿＿＿，V＿＿＿＿＿＿＿＿，　C_1和C_2＿＿＿＿＿＿＿＿。
　　该电路的静态工作点计算如下：$I_{BQ}=$ ＿＿＿＿＿＿＿＿＿＿＿＿＿＿＿＿＿＿＿＿＿＿，
$I_{CQ}=$＿＿＿＿＿＿＿＿＿＿＿＿＿＿＿，$U_{CEQ}=$＿＿＿＿＿＿＿＿＿＿＿＿＿＿＿＿＿＿＿。
　　改变 R_P 的电阻值，可调节＿＿＿＿＿＿＿＿＿＿＿＿＿＿＿＿＿＿＿＿＿＿＿＿。

2．单管共射放大电路的安装。根据电原理图和印制电路板图，将筛选后的元器件插入
印制电路板相应的小孔中，并按规范安装焊接。

3．单管共射放大电路的调试与检测。接通电源（电源电压调到 9V），在 $u_i=0$ 的条件下，
调节电位器 R_P，使静态工作电流 $I_{CQ}=1.5mA$。按表 14-3 的要求，用万用表测量并计算
有关数据，填入表内。

表14-3 测量记录表

条 件	测 量 值		计 算 值		
I_{CQ}=1.5mA	U_b	U_c	U_{ce}	U_{be}	I_b
u_i =0					

4．测量电压放大倍数。

条件：I_{CQ}=1.5mA，使输入电压 u_i =10mV，f_i =1kHz。

按表 14-4 要求，在负载电阻 R_L=∞和 R_L=2KΩ两种情况下，用交流毫伏表测量并计算有关数据，填入表内。用示波器观察输出电压波形。

表14-4 测量记录表

条件	测 量 值		计算 A_V
I_{CQ}=1.5mA u_i =10mV f_i =1kHz	u_i	u_o	
R_L =∞			
R_L =2kΩ			

第十五章　数字电子技术基础

第一节　知识试题

一、判断题（正确的在括号中填上√，错误的在括号中填上ｚ×）（每题 1 分，共 30 分）

（　　）1. 数字信号只有"0"和"1"两种可能，因此是二值信号量。

（　　）2. 二进制数 10110 转换成十进制数为 44。

（　　）3. 十进制数 13 转换成二进制数为 1101。

（　　）4. 十进制数 219 转换成 8421BCD 码为 001000011001。

（　　）5. 8421 BCD 码是一种有权码，8421 就是指各位的权分别为 8，4，2，1。

（　　）6. 或逻辑是指决定事件的所有条件都具备之后，该事件才会发生而且一定会发生。

（　　）7. 与逻辑是指决定事件的各个条件中，只要具备一个条件，事件就会发生。

（　　）8. 在数字电路中，用来完成先"与"后"非"的复合逻辑门电路称为或门电路。

（　　）9. 在数字电路中，用来完成先"或"后"非"的复合逻辑门电路称为或门电路。

（　　）10. 在逻辑运算中，所有条件组合及其结果一一对应列出来的表格称为真值表。

（　　）11. 真值表相同，则逻辑表达式相等。

（　　）12. 或逻辑关系是"有 0 出 0，全 1 为 1"。

（　　）13. 与逻辑关系是"有 1 出 1，全 0 为 0"。

（　　）14. 或非逻辑关系是"有 0 出 1，全 1 为 0"。

（　　）15. 与非逻辑关系是"有 1 出 0，全 0 为 1"。

（　　）16. TTL 集成逻辑门电路内部、输入端和输出端都采用三极管。

（　　）17. CMOS 集成逻辑门电路内部、输入端和输出端都采用三极管。

（　　）18. 在储存和运输中，要防止造成静电击穿而损坏 CMOS 电路。

（　　）19. TTL 门电路如果有多余输入端不用，可以悬空。

（　　）20. 对于 TTL 门电路，可以将多余输入端和其他信号输入端并联使用

（　　）21. 对于 TTL 与门、与非门电路，可将多余输入端接低电平。

（　　）22. 对于 TTL 或门、或非门电路，可将多余输入端接标准高电平。

（　　）23. 对于 TTL 门电路，输出高电平时，输出端不可和电源接触。

（　　）24. 对于 TTL 门电路，输出低电平时，输出端不可和电源接触。

（　　）25. TTL 门电路使用时要注意电源电压大小和极性，V_{CC} 应尽量稳定在+5V，以免损坏集成块。

（　　）26. CMOS 电路的电源电压范围较宽，可达 3～18V。

（　　）27. CMOS 电路多余输入端不能悬空。

（　　）28. 对于 CMOS 或门、或非门电路，可将多余输入端直接接地。

（　　）29．对于CMOS与门、与非门电路，可将多余输入端直接接电源

（　　）30．任意一个逻辑函数都可以用与非门实现，也可以用或非门实现。

二、选择题（在括号中处填上所选答案的字母）（每题1分，共30分）

1．把二进制数101000110110化为十进制数是（　　）。

  A．2416   B．2048   C．2461   D．2614

2．把十进制数219用8421BCD码表示是（　　）。

  A．001000011001   B．1000011001

  C．001000011000   D．001010011001

3．CMOS集成逻辑门电路内部不包括以下（　　）组件。

  A．二极管   B．三极管   C．晶闸管   D．场效应管

4．TTL集成逻辑门电路内部包括以下（　　）组件。

  A．二极管   B．三极管   C．晶闸管   D．场效应管

5．基本门电路是指（　　）电路。

  A．与门   B．与非门   C．非门   D．或门 E．或非门

6．"与非"门的逻辑功能可记为（　　）。

  A．输入全1出0   B．输入有0出1

  C．输入有1出1   D．输入全0出1

7．下列表达式中，代表"与"逻辑的是（　　）。

  A．$F = A \oplus B$ B．$F = A + B$ C．$F = A \cdot B$ D．$F = \overline{A \cdot B}$

8．在正逻辑系统中，若要"与"门输出高电平，则其输入端（　　）。

  A．全为高电平   B．全为低电平

  C．只要有一个高电平就行   D．只要有一个低电平就行

9．TTL与非门的逻辑功能为（　　）。

  A．有0出1   B．有0出0   C．全1出0   D．全1出1

10．TTL或非门的逻辑功能为（　　）。

  A．有0出1   B．有1出0   C．全1出0   D．全0出1

11．TTL与门的逻辑功能为（　　）。

  A．有0出1   B．有0出0   C．全1出0   D．全1出1

12．TTL或门的逻辑功能为（　　）。

  A．有1出1   B．有0出0   C．全0出0   D．全1出1

13．TTL非门的逻辑功能为（　　）。

  A．有0出1   B．有1出0   C．全1出0   D．全1出1

14．三个TTL与非门输入端，若使用时只用两个输入端，则另一剩余输入端应（　　）。

  A．接电源   B．接地   C．悬空   D．接"0"电平

15．$Y = \overline{AB}$表示的是（　　）电路。

  A．非门   B．与门   C．与非门   D．或非门

16．$Y = \overline{A + B}$表示的是（　　）电路。

  A．非门   B．与门   C．与非门   D．或非门

17. 在逻辑代数中，下列表达式中不正确的是（　　）。

　　A．0+1=1　　　　B．0+0=0　　　　C．1+0=1　　　　D．1+1=2

18. 由逻辑函数式 $L=AB+BC+D$ 可知，只要 $A=0$，$B=1$，输出 L 就（　　）。

　　A．等于 0　　　　B．等于 1　　　　C．由 C，D 值决定　　　D．等于 $C+D$

19. 下列常量相乘的正确的表达式是（　　）。

　　A．0×0=0　　　　B．0·1=1　　　　C．1·0=1　　　　D．1·1=2

20. 对逻辑函数进行简化时，通常都是以简化为（　　）表达式为目的。

　　A．与或　　　　　B．与非　　　　　C．或非　　　　　D．与或非

21. 如图 15-1 所示电路是（　　）。

　　A．与门电路　　B．或门电路　　C．与非门电路　　D．或非门电路

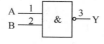

图 15-1

22. 如图 15-1 所示电路的逻辑函数表达式是（　　）。

　　A．$Y=AB$　　　B．$Y=A+B$　　　C．$Y=\overline{A \cdot B}$　　　D．$Y=\overline{A+B}$

23. 如图 15-2 所示电路是（　　）。

　　A．与门电路　　B．或门电路　　C．与非门电路　　D．或非门电路

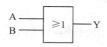

图 15-2

24. 如图 15-2 所示电路的逻辑函数表达式是（　　）。

　　A．$Y=AB$　　　B．$Y=A+B$　　　C．$Y=\overline{A \cdot B}$　　　D．$Y=\overline{A+B}$

25. 如图 15-3 所示电路是（　　）。

　　A．与门电路　　B．或门电路　　C．与非门电路　　D．或非门电路

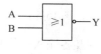

图 15-3

26. 如图 15-3 所示电路的逻辑函数表达式是（　　）。

　　A．$Y=AB$　　　B．$Y=A+B$　　　C．$Y=\overline{A \cdot B}$　　　D．$Y=\overline{A+B}$

27. 如图 15-4 所示电路是（　　）。

　　A．与门电路　　　　　　　　B．或门电路

　　C．与非门电路　　　　　　　D．或非门电路

28．如图 15-4 所示电路的逻辑函数表达式是（　　　　）。

    A．$Y=AB$　　　　　B．$Y=A+B$　　　　　C．$Y=\overline{A\cdot B}$　　　　　D．$Y=\overline{A+B}$

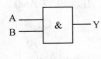

图 15-4

29．$Y=\overline{A}$ 是（　　　　）。

    A．与逻辑　　　　　　　　　　　　B．或逻辑

    C．非逻辑　　　　　　　　　　　　D．异或逻辑

30．2 个输入信号中有 1 个为低电平时时，输出为 0；2 个输入信号全为高电平时，输出为 1；则是（　　　　）电路。

    A．或非门　　　　B．与或非门　　　　C．与门　　　　D．与非门

三、计算题（每格 2.5 分，共 10 分）

1．完成下列数制转换

（1）$(10011)_2=($　　　　　　　$)_{10}$　　　　（2）$(27)_{10}=($　　　　　　　　　$)_2$

2．完成下列十进制数与 BCD 码间转换

（1）$(315)_{10}=($　　　　　　　$)_{8421BCD}$　　　（2）$(0110\ 0001\ 0111)_{8421BCD}=($　　　　$)_{10}$

四、作图题（每题 5 分，共 10 分）

1．根据如图 15-5 所示给出的或门及各输入端信号的波形，画出该或门电路输出端 Y 的波形。

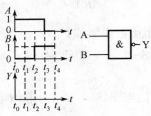

图 15-5

2．根据如图 15-6 所示给出的与非门及各输入端信号的波形，画出该与非门电路输出端 Y 的波形。

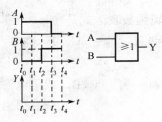

图 15-6

五、技能题（每题 10 分，共 20 分）

1．某逻辑电路是用 74LS00 构成，其连线如图 15-7 所示，其中 A、B 为输入端，Y 为输出端，试画出其逻辑电路，并写出逻辑表达式。

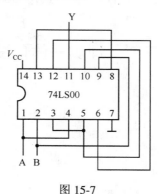

图 15-7

2．将 2 个二输入端的与非门接成 1 个二输入端的与门。

第二节　技 能 试 题

【**试题 1**】　集成逻辑门电路的识别与检测。按如图 15-8 所示接线分别检测 4 输入二与非门 74LS20 集成门电路的逻辑功能，将测试数据填入表 15-1 中。

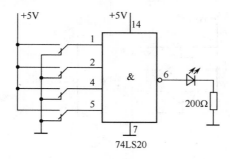

图 15-8

表 15-1　测量值记录表

输　入　端				输出端
1	2	4	5	6
0	0	0	0	
0	0	0	1	
0	0	1	1	
0	1	1	1	
1	1	1	1	

测试结果：4 输入二与非门 74LS20 集成门电路的逻辑功能是＿＿＿＿＿＿＿＿＿。

【试题2】 集成逻辑门电路的应用。将 4 输入二与非门 74LS20 集成门电路改成下列电路，并在电工电子实训台（电工电子实验箱）搭接、测试其功能：（1）非门；（2）与门。

【试题3】 集成逻辑门电路的应用。利用 4 输入二与非门 74LS20 集成门电路中一组门电路，完成 $Y=\overline{AB}$，并在电工电子实训台（电工电子实验箱）搭接、测试其功能。注意：多余输入端如何处理？

第三节　理实一体化试题

一、试题名称

逻辑门电路的识别、检测与应用。

二、规定用时

30 min。

三、试题内容

查阅电子元器件手册，写出 74LS20 和 74LS27 数字集成电路的名称，检测其逻辑功能是否符合。

四、电原理图

电原理图如图 15-9 和图 15-10 所示。

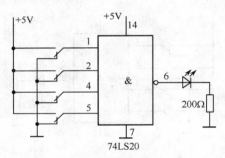

图 15-9　与非门逻辑功能测试电路图

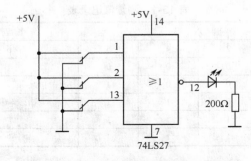

图 15-10　或非门逻辑功能测试电路图

五、仪器和器材

元器件及仪器仪表见表 15-2。

表 15-2 逻辑门电路的识别、检测与应用元器件及仪器仪表明细表

代 号	名 称	型号及规格	单 位	数 量
	4 输入二与非门	74LS20	只	1
	3 输入三或非门	74LS27	只	1
	万用表		只	1
	电工电子实训台		只	1

六、方法和步骤

1. 查阅电子元器件手册,74LS20 是＿＿＿＿＿＿＿＿,74LS27 是＿＿＿＿＿＿＿＿。
74LS20 的真值表参见表 15-3。74LS27 的真值表参见表 15-4。

表 15-3 74LS20 真值表

A	B	Y
0	0	
0	1	
1	0	
1	1	

表 15-4 74LS27 真值表

A	B	Y
0	0	
0	1	
1	0	
1	1	

74LS20 的逻辑符号为＿＿＿＿＿。   74LS27 的逻辑符号为＿＿＿＿＿。

2. 按图 15-9 接线,检测 4 输入二与非门 74LS20 集成门电路的逻辑功能,将测试数据填入表 15-5 中。

3. 按图 15-10 接线,检测 3 输入三与非门 74LS20 集成门电路的逻辑功能,将测试数据填入表 15-6 中。

表 15-5 测量值记录表

输 入 端				输出端
1	2	4	5	6
0	0	0	0	
0	0	0	1	
0	0	1	1	
0	1	1	1	
1	1	1	1	

表 15-6 测量值记录表

输 入 端			输出端
1	2	13	12

测试结果:4 输入二与非门 74LS20 集成门电路的逻辑功能＿＿＿＿＿＿＿＿＿;
　　　　　3 输入三与非门 74LS27 集成门电路的逻辑功能＿＿＿＿＿＿＿＿＿ 。

4. 利用 74LS20 集成门电路,完成 $Y=\overline{ABC}$,注意多余输入端的如何处理。

5. 利用 74LS27 集成门电路,完成 $Y=\overline{A+B}$,注意多余输入端的如何处理。

第十六章 组合逻辑电路和时序逻辑电路

第一节 知 识 试 题

一、判断题（正确的在括号中填上√，错误的在括号中填上×）（每题 1 分，共 30 分）

（　　）1．组合逻辑电路的输出状态仅取决于这一时刻的输入状态。

（　　）2．组合逻辑电路是由逻辑门电路组成，没有记忆单元，没有从输出到输入端的反馈回路。

（　　）3．任意一个组合逻辑函数都可以用与非门实现，也可以用或非门实现。

（　　）4．组合逻辑电路的分析步骤：根据给定的逻辑电路写出输出逻辑函数表达式、列出逻辑函数的真值表、分析逻辑功能。

（　　）5．两个输入信号相同时，输出为 0；两个输入信号相反时，输出为 1；则是异或门电路。

（　　）6．能将具有某些信息的符号把二进制代码转换成特定意义的输出信息的组合逻辑电路称为译码器。

（　　）7．能把二进制代码转换成特定意义的输出信息的组合逻辑电路称为译码器。

（　　）8．对于译码器来说，如果输入端个数为 N，则其输出端个数最多有 2^N-1 个。

（　　）9．74LS138　3 线-8 线译码器的输出是高电平有效。

（　　）10．当使能端 $S_A=0$，$\overline{S_B}=\overline{S_C}=1$ 时，74LS138　3 线-8 线译码器处于译码工作状态。

（　　）11．74LS138　3 线-8 线译码器处于禁止状态时，其输出端 $\overline{Y_0}\sim\overline{Y_7}$ 均为 1。

（　　）12．当 $S_A=1$，$\overline{S_B}=\overline{S_C}=0$ 时，ABC 端输入二进制代码 011，则译码器处于工作译码状态，$Y_3=1$。

（　　）13．共阳接法的 LED 数码管，"共"端应接$+V_{CC}$，a～g 各端应接低电平，这样才能显示 0～9 十个数字。

（　　）14．共阴接法的 LED 数码管，应和输出是高电平有效显示译码器配合使用，这样才能显示 0～9 十个数字。

（　　）15．只用七段笔画就可以显示出十进位数中的任何一位数字。

（　　）16．任何时刻时序逻辑电路的输出信号仅与电路的原来状态有关。

（　　）17．时序逻辑电路一般由门电路和触发器组合而成。

（　　）18．触发器输出端有两个稳定状态，在外加输入信号作用下，触发器可以从一个稳定状态转换为另一个稳定状态。

（　　）19．RS 触发器的 S 端为置 1 端。

（　　）20．RS 触发器是以输出端 $\overline{Y}$ 的状态为触发器状态。

（　　）21．D 触发器的状态是由输入信号 D 决定的。

（　　）22．JK触发器的J端就是置"1"端，即触发时输入端J为"1"，则输出信号将为"1"。

（　　）23．T触发器输入一个时钟脉冲，就得到一个输出脉冲。

（　　）24．T′触发器就是一个一位计数器。

（　　）25．计数器不仅用于累计输入脉冲的个数，而且能够完成分频、定时和数字运算。

（　　）26．按进位制不同，计数器可分成二进制计数器、十进制计数器和N（任意）进制计数器。

（　　）27．凡具有两个稳定状态的器件，都可以构成二进制计数器。

（　　）28．74LS290集成计数器是由一个独立的二进制计数器和一个独立的异步五进制计数器组合而成。

（　　）29．寄存器的内部电路主要是由触发器构成的。

（　　）30．可以将数码向左移，也可以向右移的寄存器称为移位寄存器。

二、选择题（在括号中填上所选答案的字母）（每题1分，共30分）

1．组合逻辑电路任意时刻的稳态输出取决于（　　）。
　　A．该时刻的输入信号　　　　B．该时刻的输入信号和输入信号作用前电路的状态
　　C．输入信号作用前电路的状态　　D．输出信号

2．把文字、符号转换为二进制码的组合逻辑电路是（　　）。
　　A．编码器　　　B．译码器　　　C．加法器　　　D．数据分配器

3．把二进制码"翻译"成文字、符号的组合逻辑电路是（　　）。
　　A．编码器　　　B．译码器　　　C．加法器　　　D．数据分配器

4．组合逻辑电路分析的主要步骤是根据给定的逻辑图，写出逻辑表达式，列出（　　），分析其逻辑功能。
　　A．表达式　　　B．真值表　　　C．卡诺图　　　D．功能表

5．2个输入信号相同时，输出为0；2个输入信号相反时，输出为1；则是（　　）电路。
　　A．或非门　　　B．与或非门
　　C．异或门　　　D．同或门

6．2个输入信号相反时，输出为0；2个输入信号相同时，输出为1；则是（　　）电路。
　　A．或非门　　　B．与或非门　　　C．异或门　　　D．同或门

7．如图16-1所示的电路具有（　　）逻辑功能
　　A．与非门　　　B．同或门　　　C．或非门　　　D．异或门

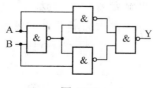

图16-1

8. 如图 16-2 所示的电路具有（　　）逻辑功能。

　　A．与非门　　　　B．同或门　　　　C．或非门　　　　D．异或门

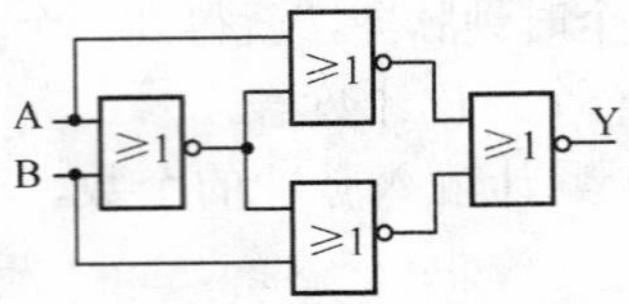

图 16-2

9. 一般说来，编码器的每个输入端分别代表某一个符号，编码器的全部输出代表和这个符号对应的（　　）。

　　A．信息　　　　B．数据　　　　C．数码　　　　D．二进制代码

10. 74LS148 集成优先编码器各输入端的优先顺序为（　　）为最高权位、（　　）为最低权位。

　　A．$\overline{IN}_7$　　　　B．$\overline{IN}_6$　　　　C．$\overline{IN}_1$　　　　D．$\overline{IN}_0$

11. 译码器能将（　　）"翻译"出来，还原成特定意义的输出信息。

　　A．信息　　　　B．数据　　　　C．数码　　　　D．二进制代码

12. 输出低电平有效的 3 线-8 线译码器在 $A_0 A_1 A_2$ 输入 011 时，输出（　　）为 0。

　　A．Y_1　　　　B．Y_3　　　　C．Y_5　　　　D．Y_7

13. 译码显示电路由（　　）、驱动器和显示器组成。

　　A．通用译码器　　B．编码器　　　　C．数码管　　　　D．显示译码器

14. 共阴接法的半导体发光二极管数码管（LED），"共"端应接地，a～g 各端应接（　　）。

　　A．低电平　　　　B．高电平　　　　C．接地　　　　D．悬空

15. 液晶数码管（LCD）的主要优点是电压低、（　　）。

　　A．视距远　　　　B．价格便宜　　　　C．功耗小　　　　D．字体清晰

16. 显示译码器的输出 a～g 为 1111001，要驱动共阴极接法的数码管，则数码管会显示（　　）。

　　A．H　　　　B．1　　　　C．2　　　　D．3

17. 下列电路中，不属于时序逻辑电路的是（　　）。

　　A．计数器　　　　B．全加器　　　　C．寄存器　　　　D．数据选择器

18. 根据逻辑功能的不同，触发器可分为 RS 触发器、D 触发器、T 触发器、JK 触发器和（　　）。

　　A．同步触发器　　B．电平触发器　　C．边沿触发器　　D．T′触发器

19. 根据触发方式的不同，触发器可分为电平触发器、主从触发器和（　　）。

　　A．同步触发器　　B．电平触发器　　C．边沿触发器　　D．T′触发器

20. 规定 RS 触发器的（　　）状态作为触发器的状态。

　　A．R 端　　　　B．S 端　　　　C．Q 端　　　　D．$\overline{Q}$ 端

21. 在 CP 脉冲作用下，具有置 0、置 1 功能的触发器称为（　　）触发器；具有置 0、置 1、保持功能的触发器称为（　　）触发器；具有置 0、置 1、保持、翻转功能的触发器称

为（ ）触发器；具有保持、翻转功能的触发器称为（ ）触发器。

  A．RS   B．JK   C．D   D．T

22．若 JK 触发器的现态为 0，要使其次态为 1，则触发时输入端 J 和 K 应为（ ）。

  A．00   B．01   C．10   D．11

23．若 D 触发器的现态为 0，要使其次态为 1，则触发时输入端 D 应为（ ）。

  A．0   B．1   C．2   D．3

24．若 T 触发器的现态为 0，要使其次态为 1，则触发时输入端 T 应为（ ）。

  A．0   B．1   C．2   D．3

25．数码寄存器存放数据的方式有（ ）。

  A．右移   B．左移   C．串行   D．并行

26．数码寄存器取出数据的方式有（ ）。

  A．右移   B．左移   C．串行   D．并行

27．下列各种类型的触发器中，（ ）能用来构成移位寄存器。

  A．RS 触发器   B．同步 RS 触发器

  C．JK 触发器   D．D 触发器

28．一个 4 位二进制加法计数器，由起始状态 0001 开始，经过 10 个计数脉冲后，此计数器的状态为（ ）。

  A．1000   B．1001   C．1100   D．1111

29．一个 4 位二进制加法计数器，由起始状态 0000 开始，计数到 1011，则该计数器是（ ）计数器。

  A．十进制计数器   B．十一进制计数器

  C．十二进制计数器   D．十三进制计数器

30．74LS161 集成计数器是可预置数的（ ）计数器。

  A．二进制加法

  B．十进制

  C．四位二进制加法

  D．异步五进制二—五—十进制

三、分析题（每题 10 分，共 20 分）

1．某一组合逻辑电路如图 16-3 所示，试分析该电路的逻辑功能。要求写出逻辑表达式、列出真值表、说明其逻辑功能。

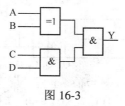

图 16-3

2．分析如图 16-4 所示电路是几进制计数器。

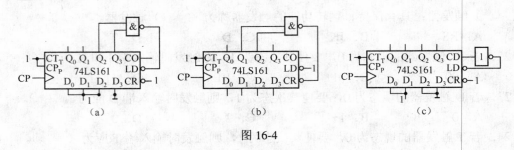

图 16-4

四、技能题（每题 10 分，共 20 分）

1. 如图 16-5 所示电路中，若地址输入端 $A_2A_1A_0$ 连续地输入 000～111 代码，问发光二极管将如何指示？若发现仅与 1，3，5，7 相连的发光二极管发亮，其余的发光二极管均不亮试问这是什么原因造成的？设 74LS138 和发光二极管均是好的。

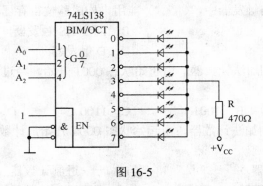

图 16-5

2. 某同学做如图 16-6 所示的计数显示译码电路实验时，单独对 74LS290、74LS48 和 LDD680 检查时都能正常工作，但按图 16-6 连接后，却发现显示器只显示 1，3，4，5，7，9。经检查连线走向正确，请问故障出在哪里？

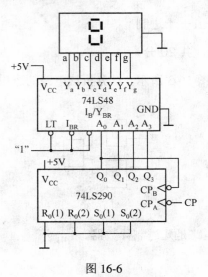

图 16-6

第二节 技 能 试 题

【试题1】 集成显示译码器的使用。现有共阴接法的半导体发光二极管数码管（LED）LDD680一个，请选用合适的集成显示译码器与之配合，在图16-7中标注集成显示译码器的型号，并按如图16-7所示在电工电子实训台上组装和调试。

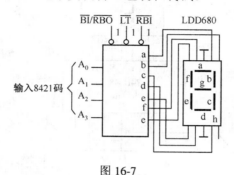

图 16-7

【试题2】 用74LS290二-五-十进制计数器和74LS161可预置数的4位二进制计数器分别构成1个六进制计数器，并在电工电子实训台上组装和调试。

第三节 理实一体化试题

一、试题名称

计数、译码显示电路的组装和调试。

二、规定用时

60 min。

三、试题内容

查阅电子元器件手册，选择合适的集成计数器、译码显示器和LED数码管，并在电工电子实训台上组装、调试计数、译码显示电路。

四、电原理图

电原理图如图16-8所示。

五、仪器和器材

元器件及仪器仪表见表16-1。

表 16-1 计数、译码显示电路元器件及仪器仪表明细表

名 称	型号及规格	单 位	数 量
集成计数电路		只	1
BCD-七段译码器/驱动器		只	1

续表

名　　称	型号及规格	单　　位	数　　量
发光 LED 数码管		只	1
万用表		只	1
电工电子实训台		只	1

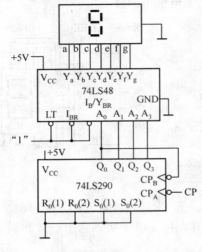

图 16-8

六、方法和步骤

1. 查阅电子元器件手册，集成计数电路选用＿＿＿＿＿＿＿＿，BCD 七段译码器/驱动器选用＿＿＿＿＿＿＿＿，发光 LED 数码管选用＿＿＿＿＿＿＿＿。

将选用的元器件的型号填入表 16-1 和图 16-8 中。

2. 按图 16-8 组装 8421BCD 码十进制加法计数、译码、显示电路。

3. 观察计数器是否按 8421BCD 码对输入的 CP 脉冲进行计数；数码管是否显示了输入的脉冲数。将结果填入表 16-2 内。

表 16-2　测量值记录表

输入脉冲数	计数器输出				数码管字形
	Q_3	Q_2	Q_1	Q_0	
0	0	0	0	0	
1					
2					
3					
4					
5					
6					
7					
8					
9					
10					

第十七章 数字电路的应用

第一节 知 识 试 题

一、判断题（正确的在括号中填上√，错误的在括号中填上×）（每题 1 分，共 30 分）

（　　）1．脉冲波形的产生电路可以产生矩形脉冲。

（　　）2．脉冲波形的变换电路可以将已有的脉冲波形变换成矩形脉冲。

（　　）3．555 定时器是将模拟和数字电路集成于一体的中规模集成电路。

（　　）4．555 定时器的产品有双极型和 CMOS 两大类。

（　　）5．555 定时器双极型产品的电源电压范围比 CMOS 产品的电源电压范围宽。

（　　）6．多谐振荡器可以产生频率可调的正弦波。

（　　）7．多谐振荡器可以用来产生矩形波，故又称矩形波发生器。

（　　）8．多谐振荡器电路的特点：有两个稳定状态。

（　　）9．单稳态触发器只有一个稳定状态。

（　　）10．由单稳态触发器可以构成计数器。

（　　）11．单稳态触发器是常用的脉冲整形和延时电路。

（　　）12．单稳态触发器暂稳态的持续时间与外加触发信号有关。

（　　）13．施密特触发器有两个稳定状态。

（　　）14．施密特触发器是以电平触发方式工作的，不仅是两个稳定状态之间的转换需要外加触发脉冲，而且稳态的维持也依赖外加触发脉冲。

（　　）15．施密特触发器可以把不规则的脉冲波形变换成数字电路所需的矩形脉冲。

（　　）16．把输入的模拟量转换成与之成比例的数字量的过程称为 D/A 转换。

（　　）17．将模拟信号转换成数字信号的转换器称为 D/A 转换器。

（　　）18．D/A 转换器的主要技术指标有分辨率、精度和转换速度。

（　　）19．D/A 转换器的分辨率是指最小输出电压和最大输出电压之比。

（　　）20．D/A 转换器的分辨率取决于 D/A 转换器的输出电压。

（　　）21．D/A 转换器的精度是指输出模拟电压的实际值和理论值之比。

（　　）22．D/A 转换器的转换速度是指 D/A 转换器完成一次转换所需的最长时间。

（　　）23．D/A 转换器的转换过程是先把输入数字量的每一位代码按其权的大小，转换成相应的模拟量，然后将代表各位的模拟量相加，即得到与该数字量成比例的模拟量。

（　　）24．将数字信号转换成模拟信号的转换器称为 A/D 转换器。

（　　）25．A/D 转换的一般步骤是采样、量化和编码。

（　　）26．由于 A/D 转换器是将时间、数值上连续的模拟信号转换成时间和数值上都离散的数字信号，所以必须对输入信号进行采样。

（　　）27．将采样值转换成数字量的过程称为量化。

（　　）28．把量化的结果用代码的形式表示出来的过程称为编码。

（　　）29．根据转换原理和特点的不同，A/D 转换器可分为直接型和间接型。

（　　）30．A/D 转换器的分辨率是指输出数字量最低位变化一个单位所对应的输入模拟量的变化量。

二、选择题（在括号中填上所选答案的字母）（每题 1 分，共 30 分）

1．常见的脉冲波形产生电路有矩形波发生器、（　　）。
　　A．正弦波振荡器　　　　　　　　　B．锯齿波发生器
　　C．方波发生器　　　　　　　　　　D．多谐振荡器

2．常见的脉冲波形变换电路有施密特触发器、（　　）。
　　A．正弦波振荡器　　　　　　　　　B．双稳态触发器
　　C．单稳态触发器　　　　　　　　　D．多谐振荡器

3．CC7555 定时器内部是由 1 个基本 RS 触发器、放电管 V_T、缓冲反相器和（　　）几部分组成。
　　A．2 个集成运放　　　　　　　　　B．3 个与非门
　　C．2 个比较器出　　　　　　　　　D．1 个三极管

4．微分电路可将矩形波形脉冲变换为（　　）波脉冲。
　　A．正弦　　　　　B．锯齿　　　　　C．正负尖　　　　　D．断续

5．积分电路可将矩形波形脉冲变换为（　　）波脉冲。
　　A．正弦　　　　　B．锯齿　　　　　C．正负尖　　　　　D．断续

6．多谐振荡器是用来产生（　　）信号的。
　　A．正弦波　　　　B．锯齿波　　　　C．方波　　　　　D．脉冲波

7．多谐振荡器的输出信号是（　　）。
　　A．正弦波　　　　B．锯齿波　　　　C．方波　　　　　D．脉冲波

8．多谐振荡器的电路特点是它没有稳定状态，只有（　　）。
　　A．2 个稳态　　　B．2 个暂稳态　　　C．1 个稳态　　　D．1 个暂稳态

9．多谐振荡器电路的振荡周期 $T=$（　　）。
　　A．$0.7(R_A + 2R_B)C$　　　　　　　B．$1.4(R_A + R_B)C$
　　C．$\dfrac{1}{0.7(R_A + R_B)C}$　　　　　　D．$\dfrac{1}{1.4(R_A + R_B)C}$

10．单稳态触发器的电路特点是它只有（　　）。
　　A．两个稳态　　B．两个暂稳态　　C．一个稳态　　D．一个暂稳态

11．单稳态触发器输出脉冲宽度 $T_W=$（　　）。
　　A．RC　　　　B．$0.1RC$　　　　C．$1.1RC$　　　　D．$2.1RC$

12．施密特触发器的电路特点是它有（　　）。
　　A．两个稳态　　B．两个暂稳态　　C．一个稳态　　D．一个暂稳态

13．如图 17-1 所示的电路中，555 定时器构成（　　）电路。
　　A．正弦波振荡器　　　　　　　　　B．双稳态触发器
　　C．单稳态触发器　　　　　　　　　D．多谐振荡器

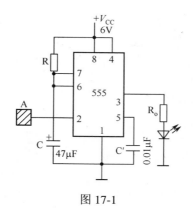

图 17-1

14. 如图 17-1 所示的电路中，发光二极管亮时，输入端应是（　　）。

    A．高电平　　　　　B．低电平　　　　　C．高阻态　　　　　D．低阻态

15. 如图 17-2 所示的电路中，555 定时器构成（　　）电路。

    A．正弦波振荡器　　　　　　　　　B．双稳态触发器

    C．单稳态触发器　　　　　　　　　D．多谐振荡器

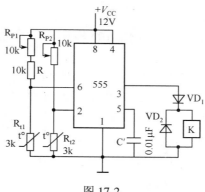

图 17-2

16. D/A 转换器有权电阻网络、T 型电阻网络和（　　）等几种类型。

    A．电阻网络　　　　　　　　　　　B．倒 T 型电阻网络

    C．防水型　　　　　　　　　　　　D．防尘型

17. D/A 转换器由译码网络、模拟开关、基准电源和（　　）组成。

    A．放大器　　　　B．比较器　　　　C．比例器　　　　D．求和放大器

18. 一个 8 位 D/A 转换器的分辨率是（　　）。

    A．0.39　　　　　B．0.039　　　　　C．0.0039　　　　　D．0.00039

19. 一个 10 位 D/A 转换器的分辨率是（　　）。

    A．0.0000978　　　B．0.000978　　　C．0.00978　　　D．0.0978

20. 5G7520 是一个（　　）位 的 D/A 转换器。

    A．4　　　　　　B．8　　　　　　C．10　　　　　D．12

21．CDA7524 是 CMOS（　　）位并行 D/A 转换器。

    A．4　　　　　　B．8　　　　　　C．10　　　　　　D．12

22．A/D 转换的一般步骤是采样、（　　）、量化和编码。

    A．译码　　　　　B．求和　　　　　C．保持　　　　　D．选通

23．如果要将采样所得的离散信号恢复成输入的原始信号，要求采样频率 f_s（　　）、量化和编码。

    A．$\leqslant 2f_{imax}$　　　B．$=2f_{imax}$　　　C．$\geqslant 2f_{imax}$　　　D．$<2f_{imax}$

24．直接型 A/D 转换器有并行型 A/D 转换器、计数型 A/D 转换器和（　　）A/D 转换器。

    A．单积分型　　B．双积分型　　C．逐次逼近型　　D．微分型

25．间接型 A/D 转换器有单积分 A/D 转换器和（　　）A/D 转换器。

    A．积分型　　　B．双积分型　　C．逐次逼近型　　D．微分型

26．逐次逼近型 A/D 转换器由数码寄存器、D/A 转换器、电压比较器和（　　）四个基本部分组成。

    A．积分电路　　B．控制电路　　C．放大电路　　D．微分电路

27．一个最大输入电压为 5V 的 8 位 A/D 转换器，所能分辩的最小输入电压变化量为（　　）。

    A．3.92mV　　　B．39.2mV　　　C．392mV　　　D．0.392mV

28．一个最大输入电压为 5V 的 10 位 A/D 转换器，所能分辩的最小输入电压变化量为（　　）。

    A．0.488mV　　B．4.88mV　　C．48.8mV　　D．488mV

29．ADC0809 是单片（　　）位 8 路 CMOS A/D 转换器.

    A．4　　　　　　B．8　　　　　　C．10　　　　　　D．12

30．转换速度最高的 A/D 转换器是（　　）A/D 转换器。

    A．并行比较型　　B．双积分型　　C．逐次逼近型　　D．计数型

三、分析题（每格 10 分，共 20 分）

1．如图 17-3 所示为一个简单触摸开关电路，当手摸金属片 A 时，发光二极管发光。试分析其工作原理，估算发光二极管发光时间。

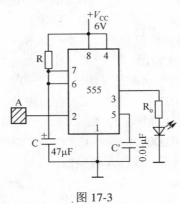

图 17-3

2. 如图 17-4 所示为用 555 定时器组成的冰箱温控电路，R_{t1}，R_{t2} 是负温度系数热敏电阻，K 为冰箱压缩机控制继电器线圈，K 得电，压缩机工作；反之，则停机。试说明此电路工作原理。

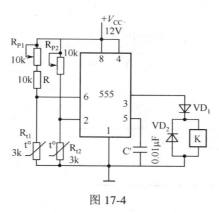

图 17-4

四、计算题（每题 10 分，共 20 分）

1. 已知有 1 个 D/A 转换器，当输入数字量为 10000001 时，输出电压为 6V，试计算该电路的分辨率。若输入数字量为 01010001 时，计算输出电压值。

2. 对于 1 个 8 位逐次逼近型 A/D 转换器，当时钟频率为 1MHz 时，计算其转换时间。若要求一次转换时间小于 8μs，试问应选时钟频率为多少？

第二节 技能试题

用 555 集成定时器组成多谐振荡器。在电工电子实训台（电工电子实验箱）上按如图 17-5 所示搭接多谐振荡器电路。用示波器观测输出电压波形，并把波形测绘下来，记录周期 $T=$_____ms。用交流毫伏表测量输出电压，$u_o=$_____V。

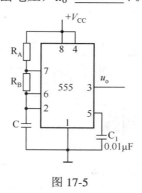

图 17-5

多谐振荡器电路元器件及仪器工具见表 17-1。

表 17-1　多谐振荡电路元器件明细表

代　号	名　　称	型号及规格	单　位	数　量
	555 定时器	CC7555	只	1
R_A	电阻器	RTX-0.25-10kΩ±5%	只	1
R_B	电阻器	RTX-0.25-75kΩ±5%	只	1
C_1	涤纶电容器	CLX-250-0.01μF±10%	只	1
C	电解电容器	CD11-16-10μF	只	1
	电源线			若干
	安装线			若干
	电路板（电工电子实验箱）		块	1
	万用表		只	1
	组装焊接工具		套	1

第三节　理实一体化试题

一、试题名称

用 555 集成定时器组装模拟声响发生器。

二、规定用时

60 min。

三、试题内容

识读模拟声响发生器电路，并在电工电子实训台上组装、调试模拟声响发生器电路。

四、电原理图

电原理图如图 17-6 所示。

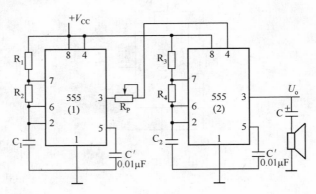

图 17-6　模拟声响发生器

五、仪器和器材

元器件及仪器仪表见表17-2。

表17-2　模拟声响发生器元器件明细表

代　号	名　称	型号及规格	单　位	数　量
	555定时器	CC7555	只	2
R_1	电阻器	RTX-0.25-10kΩ±5%	只	1
R_2	电阻器	RTX-0.25-75kΩ±5%	只	1
R_3	电阻器	RTX-0.25-10kΩ±5%	只	1
R_4	电阻器	RTX-0.25-100kΩ±5%	只	1
R_P	电位器	WS-2-0.5-10 kΩ±5%	只	1
C	电解电容器	CD11-16-100μF	只	1
C_1	电解电容器	CD11-16-10μF	只	1
C_2	涤纶电容器	CD11-16-0.01μF	只	1
C'	涤纶电容器	CD11-16-0.01μF	只	2
	电源线			若干
	安装线			若干
	电路板（电工电子实验箱）		块	1
	万用表		只	1
	组装工具		套	1

六、方法和步骤

1. 识读用555集成定时器组装模拟声响发生器电路，555集成定时器（1）构成＿＿＿＿＿＿＿＿＿＿＿＿电路，其作用是＿＿＿＿＿＿＿＿＿＿，调节 R_1，R_2，C_1 可改变＿＿＿＿＿＿＿＿＿＿＿＿＿。555集成定时器（2）构成＿＿＿＿＿＿＿＿＿电路，其作用是＿＿＿＿＿＿＿＿＿，调节 R_3，R_4，C_2 可改变＿＿＿＿＿＿＿＿＿＿＿。

2. 在电路板上按如图17-6所示电路搭接模拟声响发生器电路。

3. 用示波器观测输出电压波形，并把波形测绘下来，记录周期 $T=$＿＿＿＿＿＿＿＿＿＿ms。用交流毫伏表测量输出电压，$U_o=$＿＿＿＿＿＿＿V。

第十八章 电子技术试卷

（A卷）

一、判断题（正确的在括号中填上√，错误的在括号中填上×）（每题1分，共40分）

（　　）1．电子实训室常用的仪器仪表有电压表、电流表、万用表、电阻箱、交直流电桥等。

（　　）2．P型半导体的多数载流子是空穴，因此P型半导体带正电。

（　　）3．判断二极管的好坏，主要是利用二极管的单向导电性。

（　　）4．硅稳压二极管的动态电阻越大，说明其反向特性曲线越陡，稳压性能越好。

（　　）5．场效应管和晶体三极管都是电流控制器件。

（　　）6．与晶体三极管相比，场效应管具有输入电阻大、噪声低、热稳定性好、加工工艺简单、易于集成等优点。

（　　）7．场效应管属于单极性器件，N沟道中的载流子为电子，P沟道中的载流子为空穴。

（　　）8．在运输和储存时，应将场效应管各电极全部短路。

（　　）9．放大电路放大的是变化量，当输入为直流信号时，放大电路的输出没有变化。

（　　）10．在基本共射极放大电路中，若负载电阻减小，其余参数不变，则电压放大倍数将增大。

（　　）11．晶体三极管的微变等效电路可以用来计算放大电路的静态工作点。

（　　）12．使放大器的净输入量得到增加的反馈是正反馈。

（　　）13．判断是电压反馈还是电流反馈的方法是用瞬时极性法。

（　　）14．负反馈能提高放大倍数的稳定性。

（　　）15．串联反馈能使放大器的输入电阻增大，并联反馈能使放大器的输入电阻减小。

（　　）16．正弦波振荡电路只有得到外界信号激励之后，才能产生振荡。

（　　）17．为使功率放大电路获得尽可能大的输出功率，就得选取一个最佳负载，称为阻抗匹配。

（　　）18．集成功率放大电路具有体积小、工作稳定、易安装调试等优点。

（　　）19．只有工作在线性放大区的集成运放才具有"虚短"的特点。

（　　）20．在半波整流电路中，整流晶体二极管的反向耐压值，只要大于变压器次级电压有效值即可。

（　　）21．电容滤波电路适用于负载电流大的场合。

（　　）22．在时间上是离散的信号，称为数字信号。

（　　）23．下列二进制数转换成十进制数是正确的$(1011)_2=(12)_{10}$。

（　　）24．下列十进制数转换成8421BCD码是正确的$(219)_{10}=(001000011001)_{8421BCD}$。

（　　）25．能完成"有0出0，全1出1"逻辑功能的电路是或门电路。

（　　）26．能完成"有 0 出 1，全 1 出 0"逻辑功能的电路是或非门电路。

（　　）27．在数字电路中，若用高电平表示"0"、用低电平表示"1"的是负逻辑。

（　　）28．从电路结构来看，数字集成电路可分为 TTL 电路和 CMOS 电路。

（　　）29．当负载要求供给电流较大时，可以将 2 个相同的 TTL 集成门电路的输出端直接并联使用。

（　　）30．CMOS 门电路的输出端可以直接接电源和地。

（　　）31．编码器和触发器都是组合逻辑电路。

（　　）32．共阴接法的 LED 数码管，"共"端应接+V_{CC}，a～g 各端应接低电平，这样才能显示 0～9 十个数字。

（　　）33．触发器是一种具有记忆功能的逻辑电路。

（　　）34．时序逻辑电路一般由门电路和触发器组成。

（　　）35．一般来说，异步计数器的工作速度高于同步计数器。

（　　）36．施密特触发器在两个稳定状态间转换需要外加触发脉冲。

（　　）37．单稳态触发器从稳态到暂稳态或从暂稳态到稳态都需要外加触发脉冲。

（　　）38．CC7555 集成定时器的电源电压的范围为 4.5～15V。

（　　）39．D/A 转换器的分辨率是指最小输入电压和最大输入电压之比。

（　　）40．经过取样保持电路后，模拟信号就转换成数字信号。

二、选择题（在括号中填上所选答案的字母）（每题 1 分，共 40 分）

1．电子实训室常用的仪器仪表有电压表、电流表、万用表、交流毫伏表、电子示波器和（　　）等。

    A．晶体管特性曲线图示仪　　　　　B．信号发生器

    C．直流稳压电源　　　　　　　　　D．电桥

2．当 PN 结两端加正向电压时，流过 PN 结的电流是（　　）。

    A．扩散电流　　　B．漂移电流　　　C．平衡电流　　　D．偏置电流

3．当环境温度升高时，半导体二极管的反向饱和电流将（　　）。

    A．减小　　　　　B．不变　　　　　C．增大　　　　　D．消失

4．硅稳压管稳压电路中限流电阻的作用是（　　）。

    A．调节电压　　　　　　　　　　　B．限制电流

    C．提供偏流　　　　　　　　　　　D．兼有调节电压和限制电流的作用

5．当发射结和集电结都反偏时，则半导体三极管处于（　　）。

    A．放大状态　　　B．饱和状态　　　C．截止状态　　　D．击穿状态

6．当发射结和集电结都正偏时，则半导体三极管处于（　　）。

    A．放大状态　　　B．饱和状态　　　C．截止状态　　　D．击穿状态

7．画放大电路的交流通路时，应将耦合电容和旁路电容视为（　　）。

    A．开路　　　　　B．短路　　　　　C．不变　　　　　D．大电阻

8．共发射极放大电路的输出电压和输入电压（　　）。

    A．同相　　　　　B．反相　　　　　C．相位差为 90°　D．不能确定

9．某三级电压放大电路中，已知 $A_{u1}=10$，$A_{u2}=100$，$A_{u3}=1$，则总的电压放大倍数是（　　）。

　　A．1　　　　　B．10　　　　　C．100　　　　　D．1000

10．根据反馈在输出端的取样对象，反馈可分为（　　）。

　　A．电压反馈或电流反馈　　　　　　B．串联反馈或并联反馈

　　C．正反馈或负反馈　　　　　　　　D．直流反馈或交流反馈

11．某放大电路要求输入电阻大、输出电流稳定，应引进（　　）负反馈。

　　A．电压串联　　　B．电流串联　　　C．电压并联　　　D．电流并联

12．正弦波振荡器自激振荡的起振条件是（　　）。

　　A．$|AF|>1$　　　B．$|AF|=1$　　　C．$|AF|<1$　　　D．$|AF|\neq1$

13．电容三点式 LC 振荡器与电感三点式 LC 振荡器相比较，其优点是（　　）。

　　A．振荡频率容易调节　　　　　　　B．电路结构简单

　　C．输出波形较好　　　　　　　　　D．容易起振

14．如图 18-1 所示的电路是（　　）。

　　A．RC 振荡电路

　　B．LC 变压器反馈式振荡电路

　　C．电感三点式振荡电路

　　D．电容三点式振荡电路

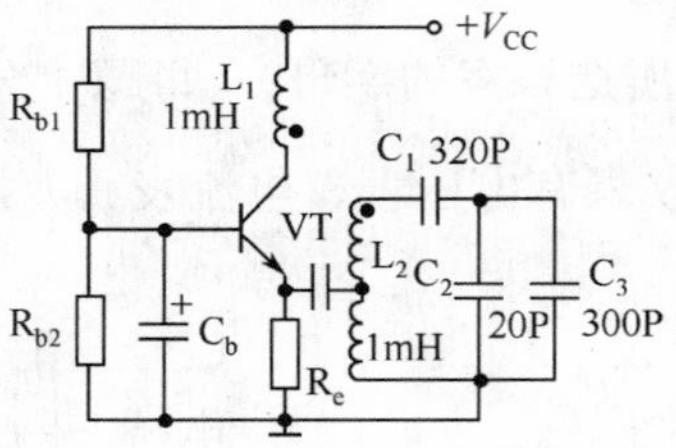

图 18-1

　该电路的振荡频率是（　　）。

　　A．3.98MHz　　　B．3.98kHz　　　C．0.398MHz　　　D．1.26MHz

15．乙类放大的缺点有（　　）。

　　A．耗电多　　　　B．效率低　　　　C．失真大　　　　D．体积大

16．在整流电路负载的两端并联一只大容量的电容，其输出波形的脉动将（　　）。

　　A．增大　　　　　B．不变　　　　　C．减小　　　　　D．无穷大

17．三端固定式集成稳压器 CW7805 的输出电压是（　　）。

　　A．0.3V　　　　　B．0.7V　　　　　C．1.25V　　　　　D．5V

18．在数字电路中，基本工作信号是（　　）。

　　　A．二进制数字信号　　　　　　　B．十进制数字信号

　　C．八进制数字信号　　　　　　　D．连续变化的模拟信号

19．下列不属于逻辑函数的表示方法的是（　　）。

　　A．真值表　　　　　　　　　　　　B．逻辑函数表达式

　　C．微变等效电路　　　　　　　　　D．卡诺图

20. TTL 集成电路的电源电压应该是（　　　）。

    A．3V   B．5V   C．9V   D．15V

21. 关于 CMOS 电路，下列说法正确的是（　　　）。

    A．CMOS 电路具有功耗低、抗干扰能力强、制造工艺简单等优点

    B．CMOS 电路输出端可以直接并联使用

    C．CMOS 电路输入信号取值没有限制

    D．CMOS 电路能直接驱动 TTL 门电路

22. 如图 18-2 所示中，与门的图形符号是（　　　）。

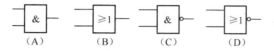

图 18-2

23. 如图 18-3 所示中，与非门的图形符号是（　　　）。

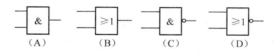

图 18-3

24. 如图 18-4 所示的电路具有何种逻辑功能？答：（　　　）。

    A．与非门   B．同或门   C．或非门   D．异或门

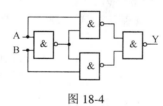

图 18-4

25. 根据如图 18-5 所示给出的或门及各输入端信号的波形，其输出端 Y 的脉冲波形应为下列的哪一个？答：（　　　）。

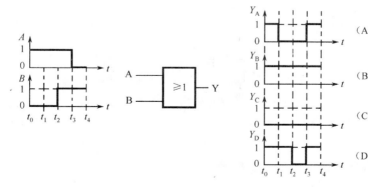

图 18-5

26. 显示译码电路的组成是（　　）。

　　A．显示译码器　　B．驱动电路　　　C．显示器　　　　D．以上都要

27. 如图 18-6 所示，译码器输出端和有效输出电平分别是（　　）。

　　A．b 端输出、输出低电平　　　　　　B．f 端输出、输出低电平

　　C．b 端输出、输出高电平　　　　　　D．f 端输出、输出高电平

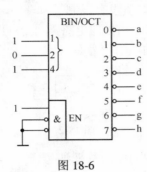

图 18-6

28. 下列不是时序逻辑电路的是（　　）。

　　A．译码器　　　　B．触发器　　　　C．计数器　　　　D．寄存器

29. D 触发器的逻辑功能是（　　）。

　　A．置 0、置 1　　　　　　　　　　　B．置 0、置 1、保持

　　C．置 0、置 1、保持、翻转　　　　　D．保持、翻转

30. 每个时钟脉冲到来时，输出端的状态就发生翻转的触发器是（　　）。

　　A．RS 触发器　　B．D 触发器　　　C．JK 触发器　　D．T′触发器

31. 计数器主要组成部分是（　　）。

　　A．触发器和全加器　　　　　　　　　B．触发器和门电路

　　C．触发器和编码器　　　　　　　　　D．触发器和译码器

32. 计数器除了对计数脉冲计数外，还可用作（　　）。

　　A．编码　　　　　B．译码　　　　　C．分频　　　　　D．定时

33. 如图 18-7 所示电路对应的是（　　）计数器。

　　A．十进制计数器　　　　　　　　　　B．十一进制计数器

　　C．十二进制计数器　　　　　　　　　D．十三进制计数器

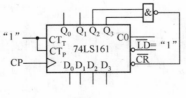

图 18-7

34. 如图 18-8 所示波形对应的电路是（　　）。

　　A．八进制加法计数器　　　　　　　　B．八进制减法计数器

　　C．七进制加法计数器　　　　　　　　D．七进制减法计数器

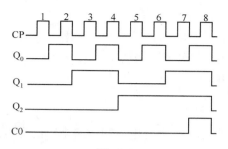

图 18-8

35．如图 18-9 所示移位寄存器 $Q_2Q_1Q_0$ 初态为 110，在经过 2 个 CP 后，$Q_2Q_1Q_0$ 为（　　）。

　　A．110　　　　　　B．111　　　　　　C．101　　　　　　D．011

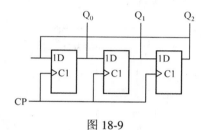

图 18-9

36．单稳态触发器有（　　）。

　　A．1 个稳态、1 个暂稳态　　　　　　B．2 个暂稳态

　　C．2 个稳态　　　　　　　　　　　　D．3 个稳态

37．如图 18-10 所示的电路是（　　），电路的输出波形是（　　）。

　　A．正弦波　　　B．矩形波　　　　C．三角波　　　　D．锯齿波

　　E．施密特触发器　　　　　　　　　F．RS 触发器

　　G．多谐振荡器　　　　　　　　　　H．单稳态触发器

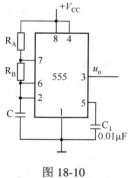

图 18-10

38．多谐振荡器能产生（　　）。

　　A．正弦波　　　　　　　　　　　　B．矩形波

　　C．三角波　　　　　　　　　　　　D．锯齿波

39. 模拟量转换成数字量时首先要（　　）。

　　A．取样　　　　　　B．保持　　　　　　C．量化　　　　　　D．编码

40. 一个 10 位 D/A 转换器的分辨率是（　　）。

　　A．0.001　　　　　B．0.004　　　　　C．0.01　　　　　D．0.04

三、计算题（每题 10 分，共 20 分）

1. 放大电路如图 18-11 所示，设耦合电容和旁路电容的容量足够大，已知 U_{be}=0.7V、电路其他参数如图，试求：

（1）画出该电路的直流通路；

（2）计算电路的静态工作点 I_{BQ}, I_{CQ}, U_{CEQ}；

（3）求该放大电路的电压放大倍数 A_u。

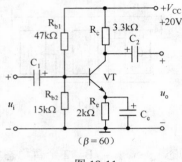

图 18-11

2. 运放应用电路如图 18-12 所示，试分别写出各电路的名称并求出输出电压 U_o 的值。

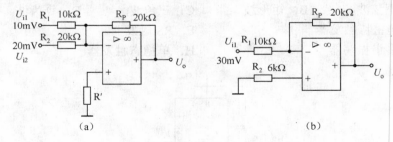

（a）　　　　　　　　　　　　　　　　　（b）

图 18-12

（B 卷）

一、判断题（正确的在括号中填上 √，错误的在括号中填上 ×）（每题 1 分，共 40 分）

（　　）1．凡是利用电子器件和电路技术组成的装置都称为电子仪器。

（　　）2．P 型半导体的多数载流子是空穴，因此 P 型半导体带正电。

（　　）3．判断二极管的好坏，主要是利用二极管的单向导电性。

（　　）4．硅稳压二极管的动态电阻越大，说明其反向特性曲线越陡，稳压性能越好。

（　　）5．场效应管和晶体三极管都是电流控制器件。

（　　）6．与晶体三极管相比，场效应管具有输入电阻大、噪声低、热稳定性好、加工工艺简单、易于集成等优点。

（　　）7．放大器放大的是变化量，当输入为直流信号时，放大电路的输出没有发生变化。

（　　）8．当单级放大电路的静态工作点过高时，在电源电压 V_{CC} 和集电极负载电阻 R_c 不变的情况下，可增大基极偏置电阻 R_b，使 I_b 减小。

（　　）9．共集放大电路由于电压放大倍数小于 1，故电路没有放大能力。

（　　）10．将放大电路的输出量的一部分或全部回送到输入回路的过程称为反馈。

（　　）11．使放大器的净输入量得到减小的反馈是负反馈。

（　　）12．负反馈能使放大电路的通频带变窄。

（　　）13．直流负反馈主要用于稳定静态工作点。

（　　）14．电压负反馈能使放大器的输出电阻增大，电流负反馈能使放大器的输出电阻减小。

（　　）15．对正弦波振荡电路而言，只要不满足相位平衡条件，就不可能产生振荡。

（　　）16．RC 振荡电路用于高频，LC 振荡电路用于低频。

（　　）17．石英晶体振荡器中没有选频网络。

（　　）18．互补推挽功率放大电路放大交流信号时，总有一只功放管是截止，所以输出波形必然失真。

（　　）19．集成运放由输入级、中间放大级和输出级组成。

（　　）20．反相输入比例运算器具有电压串联负反馈的特性。

（　　）21．在负载输出直流电压相同的条件下，采用桥式整流电容滤波电路时对整流二极管反向耐压的要求比采用半波整流电容滤波电路时还要低。

（　　）22．电感滤波电路适用于负载电流小的场合。

（　　）23．下列十进制数转换成二进制数是正确的（35）$_{10}$=（100011）$_2$。

（　　）24．下列十六进制数转换成二进制数是正确的（A1C）$_{16}$=（101000011100）$_2$。

（　　）25．将文字、符号、十进制数用二进制代码来表示的电路称为编码器。

（　　）26．能完成"有 1 出 1，全 0 出 0"逻辑功能的电路是与门电路。

（　　）27．能完成"有 1 出 0，全 0 出 1"逻辑功能的电路是与非门电路。

（　　）28．在数字电路中，若用高电平表示"1"、用低电平表示"0"的是正逻辑。

（　　）29．如果两个逻辑函数的真值表相同，则这两个逻辑函数表达式相等。

（　　）30．TTL 集成门电路是由双极型晶体管组成的。

（　　）31．CMOS 门电路的多余输入端可以悬空。

（　　）32．由各种门电路组成的逻辑电路都是组合逻辑电路。

（　　）33．组合逻辑电路的输出仅取决于该时刻的输入信号的组合。

（　　）34．3 线—8 线译码器输入端是 3 位二进制代码，输出端是对应于输入二进制代码的 8 个输出信号。

（　　）35．时序逻辑电路的输出信号不仅与当时的输入信号有关，还与电路的原来状态有关。

（　　）36．触发器的状态是根据 Q 端的状态来决定的。

（　　）37．按工作方式，计数器可分成同步计数器和异步计数器。

（　　）38．多谐振荡器有两个稳定状态。

（　　）39．CC7555 集成定时器的电源电压的范围为 4.5～15V。

（　　）40．D/A 转换器的分辨率是指最小输入电压和最大输入电压之比。

二、选择题（在括号中填上所选答案的字母）（每题 1 分，共 40 分）

1．电子实训室内的仪器设备，未经许可（　　　）。
　　A．可以开启　　　　　　　　　　　B．不准随意开启
　　C．可以搬弄　　　　　　　　　　　D．可以接线

2．二极管的正向电阻和反向电阻的阻值关系是（　　　）。
　　A．正向电阻>反向电阻　　　　　　B．正向电阻=反向电阻
　　C．正向电阻<反向电阻　　　　　　D．没有关系

3．用直流电压表测量 1 只接在电路中的稳压管的电压，读数只有 0.7V，这种情况说明该稳压管（　　　）。
　　A．正向接法　　B．反向接法　　C．已经击穿　　D．工作正常

4．当环境温度升高时，半导体三极管的电流放大系数 β 将（　　　）。
　　A．减小　　　　B．不变　　　　C．增大　　　　D．不确定

5．当发射结正偏、集电结反偏时，则半导体三极管处于（　　　）。
　　A．放大状态　　　B．饱和状态　　　C．截止状态　　　D．击穿状态

6．画放大电路的直流通路时，应将耦合电容和旁路电容视为（　　　）。
　　A．开路　　　　B．短路　　　　C．不变　　　　D．大电阻

7．在基本共射放大电路中，为了使放大电路的静态工作点向上移，应调节基极偏置电阻 R_B 的阻值，使其（　　　）。
　　A．增大　　　　B．不变　　　　C．减小　　　　D．无穷大

8．多级电压放大电路常用的级间耦合方式有（　　　）。
　　A．阻容耦合　　B．变压器耦合　　C．直接耦合　　D．光电耦合

9．如图 18-13 所示电路的名称是（　　　）。
　　A．共发射极电路　　　　　　　　　B．共集电极电路
　　C．共基极电路　　　　　　　　　　D．共阴极电路

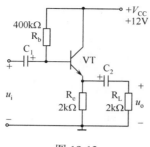

图 18-13

它的主要特点是（ ）。

A. 电压放大倍数>1、输入电阻大、输出电阻小

B. 电压放大倍数<1、输入电阻大、输出电阻小

C. 电压放大倍数<1、输入电阻小、输出电阻小

D. 电压放大倍数<1、输入电阻大、输出电阻大

10. 射极输出器是（ ）负反馈。

A. 电压串联　　　　　　　　　B. 电流串联

C. 电压并联　　　　　　　　　D. 电流并联

11. 根据反馈在输入端的连接方式，反馈可分为（ ）。

A. 电压反馈或电流反馈　　　　B. 串联反馈或并联反馈

C. 正反馈或负反馈　　　　　　D. 直流反馈或交流反馈

12. 下列各项，（ ）是能用引进负反馈来实现的。

A. 改善非线性失真　　　　　　B. 提高放大倍数

C. 展宽频带宽度　　　　　　　D. 提高三极管的 β

13. 文氏电桥振荡电路属于（ ）。

A. LC 振荡器　　B. RC 振荡器　　C. 石英晶体振荡器　　D. 都不是

14. 甲类放大的缺点有（ ）。

A. 耗电多　　　　B. 效率低　　　　C. 失真大　　　　D. 体积大

15. 如图 18-14 所示的电路是（ ）。

A. LC 振荡电路　　　　　　　　B. RC 移相式振荡电路

C. RC 串并联网络式振荡电路　　D. RC 文氏电桥式振荡电路

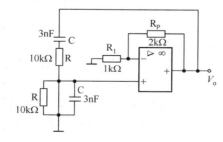

图 18-14

16. 集成运放工作在线性区的两个重要特点是（　　　）。
    A. 虚短和虚地　　　　　　　　　B. 虚短和反相
    C. 虚短和虚断　　　　　　　　　D. 虚断和反相

17. 三端可调式集成稳压器的基准电压是（　　）。
    A. 0.3V　　　　　B. 0.7V　　　　　C. 1.25V　　　　　D. 5V

18. 直流稳压电源由（　　）组成。
    A. 变压　　　　　B. 整流　　　　　C. 滤波　　　　　D. 稳压

19. 研究数字电路时，使用的主要方法是（　　）。
    A. 图解法　　　　　　　　　　　B. 微变等效电路法
    C. 逻辑分析和设计　　　　　　　D. 估算法

20. TTL 集成电路的电源电压应该是（　　）。
    A. 3V　　　　　B. 5V　　　　　C. 9V　　　　　D. 15V

21. 关于 TTL 电路，下列说法正确的是（　　）。
    A. TTL 电路的输出端不允许直接接地或 5V 电源
    B. TTL 电路输出端可以直接并联使用
    C. TTL 电路多余输入端可以悬空
    D. TTL 电路抗干扰能力比 CMOS 电路强

22. 如图 18-15 所示，或门的图形符号是（　　）。

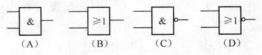

（A）　　　　　（B）　　　　　（C）　　　　　（D）

图 18-15

23. 如图 18-16 所示，或非门的图形符号是（　　）。

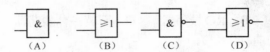

（A）　　　　　（B）　　　　　（C）　　　　　（D）

图 18-16

24. 下列不是组合逻辑电路基本分析步骤的是（　　）。
    A. 写逻辑表达式　　　　　　　　B. 化简
    C. 逻辑功能分析　　　　　　　　D. 画逻辑图

25. 译码器的输入端和输出端分别是（　　）。
    A. 二进制代码、十进制数　　　　B. 二进制代码、某个特定信息
    C. 十进制数、二进制代码　　　　D. 十进制数、某个特定信息

26. 下列关于显示译码电路的说法，正确的是（　　）。
    A. 无论何种显示译码器和 LED 七段显示器都可配合使用
    B. 输出高电平有效的显示译码器应和共阳的 LED 七段显示器配合使用
    C. 输出高电平有效的显示译码器应和共阴的 LED 七段显示器配合使用
    D. 输出低电平有效的显示译码器应和共阴的 LED 七段显示器配合使用

27. 如图 18-17 所示的电路具有何种逻辑功能？答：（   ）。

　　A．与非门　　　　B．同或门　　　　C．或非门　　　　D．异或门

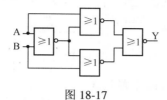

图 18-17

28. 如图 18-18 所示，与门及各输入端信号的波形，其输出端 Y 的脉冲波形应为下列的哪一个？答：（   ）。

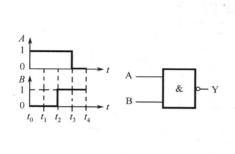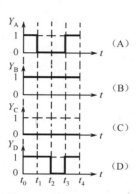

图 18-18

29. 基本 RS 触发器的逻辑功能是（   ）。

　　A．置 0、置 1　　　　　　　　　B．置 0、置 1、保持

　　C．置 0、置 1、保持、翻转　　　D．保持、翻转

30. JK 触发器的逻辑功能是（   ）。

　　A．置 0、置 1　　　　　　　　　B．置 0、置 1、保持

　　C．置 0、置 1、保持、翻转　　　D．保持、翻转

31. T 触发器的逻辑功能是（   ）。

　　A．置 0、置 1　　　　　　　　　B．置 0、置 1、保持

　　C．置 0、置 1、保持、翻转　　　D．保持、翻转

32. 要将一个矩形波信号频率减小到原来的 1/2，可采用的电路是（   ）。

　　A．移位寄存器　　B．A/D 转换器　　C．定时器　　　D．T′触发器

33. 计数器除了对计数脉冲计数外，还可用作（   ）。

　　A．编码　　　　　B．译码　　　　　C．分频　　　　D．定时

34. 如图 18-19 所示电路对应的是（   ）计数器。

　　A．七进制计数器　　　　　　　　　B．八进制计数器

　　C．九进制计数器　　　　　　　　　D．十进制计数器

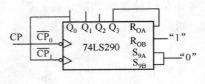

图 18-19

35. 如图 18-20 所示波形对应的电路是（　　）。

    A．六进制计数器　　　　　　　　　B．七进制计数器

    C．八进制计数器　　　　　　　　　D．九进制计数器

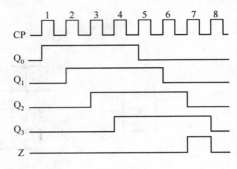

图 18-20

36. 如图 18-21 所示，移位寄存器 $Q_2Q_1Q_0$ 初态为 101，在经过 2 个 CP 后，$Q_2Q_1Q_0$ 为（　　）。

    A．110　　　　　B．111　　　　　C．101　　　　　D．011

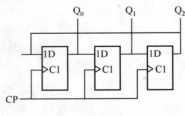

图 18-21

37. 单稳态触发器的脉冲宽度取决于（　　）。

    A．触发信号的周期　　　　　　　　B．触发信号的宽度

    C．电路的时间常数　　　　　　　　D．电源电压

38. 模拟量转换成数字量时首先要（　　）。

    A．取样　　　　　B．保持　　　　　C．量化　　　　　D．编码

39. 一个 8 位 D/A 转换器的分辨率是（　　）。

    A．0.001　　　　B．0.004　　　　C．0.01　　　　D．0.04

40. D/A 转换器的分辨率是指（　　）。

    A．电源电压的最小值　　　　　　　B．最小输出电压和最大输出电压之比

    C．D/A 转换器的位数　　　　　　　D．最小输入电压和最大输入电压之比

三、计算题（每题 10 分，共 20 分）

1. 放大电路如图 18-22 所示，设耦合电容和旁路电容的容量足够大，已知 $r_{bb}=300\Omega$、电路其他参数如图，试求：

（1）画出该电路的直流通路；

（2）计算电路的静态工作点 I_{BQ}, I_{CQ}, U_{CEQ}；

（3）该放大电路的电压放大倍数 A_u。

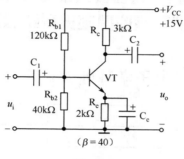

图 18-22

2. 运放应用电路如图 18-23 所示，试分别写出各电路的名称并求出输出电压 U_o 的值。

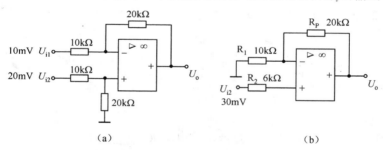

（a）　　　　　　　　　　　　　（b）

图 18-23

第二部分　入学考试试题

第十九章　普通高等职业技术教育
"二级培训"专业基础课升学考试试卷

（电子学基础 A 卷）

题号	一	二	三	总分
得分				

一、填空（每格3分，共30分）

1. 如图 19-1 所示电路中，求电压 $U_{ab}=$_____V。

2. 如图 19-2 所示电路的等效电阻 $R_{ab}=$_____Ω。（下图中电阻的单位都是欧姆）

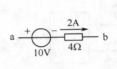

图19-1

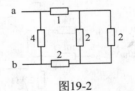

图19-2

3. 一个标志为"220V/100W"的灯泡，其电阻 $R=$_____Ω。

4. 如图 19-3 所示电路中，要使表头中没有电流流过，必须满足的条件是

_____。

5. 如图 19-4 所示电路中，求电流 $I_1=$_____A。

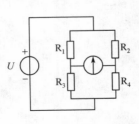

图19-3

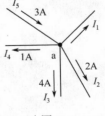

图19-4

6. 如图 19-5 所示电路中，总电流不变，$I=300$mA，$R_2=100$Ω；

当 $R_1=0$ 时，$I_2=$_____mA；

当 $R_1=\infty$ 时，$I_2=$_____mA；

7. 若正弦交流电流波形图如图 19-6 所示，写出其瞬时值表达式 i=_____A；电流有效值 I=_____A。

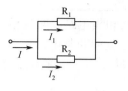

图19-5

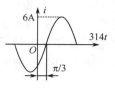

图19-6

8. 在电路中，测得三极管两个电极之间的电压如图 19-7 所示，则三极管工作在_____状态。

图19-7

二、选择（每题 3 分，共 36 分）

1. 如图 19-8 所示的电路中，各灯的规格相同。当 HL_3 断路时，出现的现象是_____。

A．HL_1,HL_2 变亮，HL_4 变暗　　　　B．HL_1,HL_2 变暗，HL_4 变亮

C．HL_1,HL_4 变亮，HL_2 变暗　　　　D．HL_1,HL_2,HL_4 都变亮

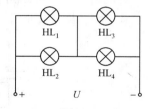

图19-8

2. 如图 19-9 所示的电路中，正确的端电压 U 为_____。

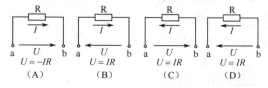

图 19-9

3. 如果电路中参考点的选择改变后，则_____。

A．各点的电位值不变　　　　B．各点的电位值都变

C．各点间的电压都变　　　　D．各点的电位值有的变、有的不变

4. 已知正弦交流电压和电流的瞬时值 $u_1=220\sqrt{2}\sin(314t+30°)$V，$u_2=50\sin(200t+90°)$V，$i_1=10\sin(314t+45°)$V，$i_2=2\sqrt{2}\sin(314t-15°)$V，则下面的正确答案是_____。

A．u_1 超前 i_1 15°　　　　　　　　B．u_1 超前 i_2 45°

C．u_2 超前 i_1 45°　　　　　　　　D．u_2 超前 i_2 105°

5．三极管工作在放大状态时，它的两个 PN 结必须是＿＿＿＿＿。

A．发射结和集电结同时正偏　　　　B．发射结和集电结同时反偏

C．发射结正偏和集电结反偏　　　　D．发射结反偏和集电结正偏

6．如图 19-10 所示的哪一种电路其输出电压 u_o 随着输入电压 u_i 的频率增加而减小？答：＿＿＿＿＿。

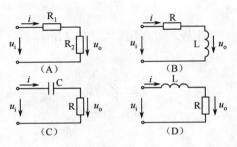

图 19-10

7．如图 19-11 所示的电路中，电容器 C_2 的容量（单位：nF）应为＿＿＿＿。

A．$C_2 = 0.52$ nF　　　　　　　　B．$C_2 = 0.69$ nF

C．$C_2 = 6.85$ nF　　　　　　　　D．$C_2 = 7.00$ nF

8．下列哪种器件的功能与如图 19-12 所示的电路功能相符？答：＿＿＿＿＿。

A．异或门　　　　　　　　　　　　B．异或非门

C．与非门　　　　　　　　　　　　D．或非门

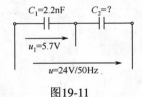

图19-11　　　　　　　　　　　　图19-12

9．对于如图 19-13 所示采用运算放大器的基本电路，下列哪种结论是正确的？答：＿＿＿＿＿。

A．该电路具有较低的输入阻抗

B．该电路的放大倍数 $A_u > 100$

C．该电路使 u_i 与 u_o 的相位差 180°

D．该电路具有较低的输出阻抗

10．如图 19-14 所示，什么时候 D 触发器的输入端上的 1 信号到达输出端 Q？答：＿＿＿＿＿。

A．在时钟脉冲的上升沿时

B．在时钟脉冲的下降沿时

C．在时钟脉冲的 1 状态时

D．在时钟脉冲的 0 状态时

图19-13　　　　　　　　　　　　　　图19-14

11．如图 19-15 所示为给出的逻辑电路及各输入端信号的波形，其输出端的波形应为下列的哪一个？答：_____。

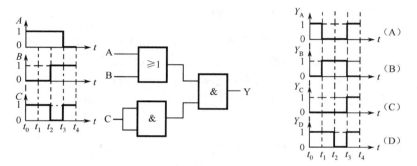

图19-15

12．如图 19-16 所示的 RC 信号发生器有错误，对此哪种说法是正确的？答：_____。

A．移相器必须由 4 个 RC 元件构成

B．移相器必须由 3 个低通滤波元件构成

C．运算放大器的输入端互换了

D．R_4 必须通过 1 个电容替代

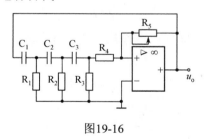

图19-16

三、计算（共 84 分）

1．如图 19-17 所示的一个线圈的等效电路图，当该线圈工作在 20V/50Hz 时，测得线圈中的电流为 195mA，那么该线圈的电感量 L（单位：mH）为多少？（12 分）

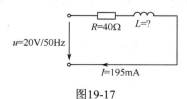

图19-17

2．如图 19-18 所示为汽车照明电路，汽车在某一转速时 U_{S1}=14V，U_{S2}=12V，发动机内阻 R_{O1}=0.5Ω，蓄电池 R_{O2}=0.2Ω，R=4Ω，求各支路的电流 I_1，I_2，I_3 和端电压 U_{AB}。（20分）

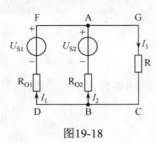

图19-18

3．在 RLC 串联电路中，已知谐振时各部分的电压如下：R 上的电压为 2.5V，L 上的电压为 40V，C 上的电压为 40V。根据上述数值求此谐振电路的 Q 值和电源电压。（12分）

4．放大电路如图 19-19 所示，设耦合电容和旁路电容的容量足够大，已知 r_{be}=1kΩ，电路其他参数如图所示，试求该放大电路的电压放大倍数 A_u、输入电阻 R_i、输出电阻 R_o，并画出交流等效图。（16分）

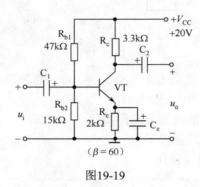

图19-19

5．如图 19-20 所示为一个运算放大器电路，试求电路的输出电压 U_o，并说明电路的名称。（12分）

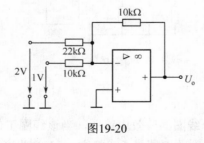

图19-20

6．电热器的 3 只加热电阻均为 18Ω，呈 Y 形连接，与 380V/50Hz 交流电网相连，请计算：（1）相电压；

（2）相电流；

（3）线电流。（12分）

（电子学基础 B 卷）

题号	一	二	三	总分
得分				

一、填空（每格 3 分，共 30 分）

1. 如图 19-21 所示电路中，求电流 $I =$ _____ A。

2. 求如图 19-22 所示电路的等效电阻 $R_{ab} =$ _____ Ω。

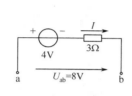

图19-21

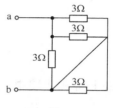

图19-22

3. 一个标志为 "220V/100W" 的灯泡，表示 220V 交流电压的 _____ 值。

4. 在如图 19-23 所示电路中，求电阻 $R_O =$ _____ Ω。

5. 在如图 19-24 所示电路中，A 点的电位 $V_A =$ _____ V。

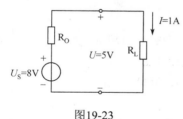

图19-23

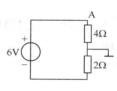

图19-24

6. 电路波形如图 19-25 所示，写出电压和电流的瞬时值表达式 $i =$ _____ A；
有效值 $i =$ _____ A；$u =$ _____ V。电压和电流的相位差 $\Phi =$ _____。

7. 在电路中，测得三极管两个电极之间的电压如图 19-26 所示，则三极管工作在
_____ 状态。

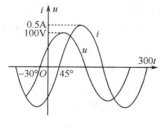

图19-25

图19-26

二、选择（每题 3 分，共 36 分）

1. 2 个白炽灯 HL_1（6V/2.4W）和 HL_2（6V/30W）串联后与 12V 电源相接，如图 19-27 所示，则下列说法正确的是_____。
    A．每个灯泡上的电压降约为 6V
    B．灯泡 HL_2 上的电压大于 6V
    C．电路接通后的一瞬间灯泡 HL_1 烧毁
    D．电路接通后的一瞬间灯泡 HL_2 烧毁

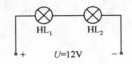

图19-27

2. 如图 19-28 所示的电路中，正确的端电压 U 为_____。

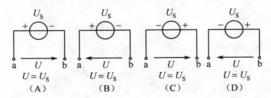

图19-28

3. 如图 19-29 所示的电路中 4 只电阻均为 9Ω，则等效电阻 R_{ab} 为_____。
    A．18Ω   B．12Ω
    C．9Ω   D．36Ω

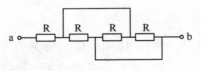

图19-29

4. 三极管工作在饱和状态时，它的 2 个 PN 结必须是_____。
    A．发射结和集电结同时正偏   B．发射结和集电结同时反偏
    C．发射结正偏和集电结反偏   D．发射结反偏和集电结正偏

5. 射极输出器是典型的_____放大电路。
    A．电压串联负反馈   B．电流串联负反馈
    C．电压并联负反馈   D．电流并联负反馈

6. 根据如图 19-30 所示给出的 JK 触发器及各输入端信号的波形，其输出端 Q 的脉冲波形应为哪一个？答：_____。

7. 如图 19-31 所示的哪一种电路其输出电压 u_o 随着输入电压 u_i 的频率增加而增大？
答：_____。

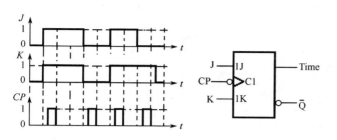

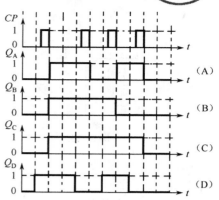

图19-30

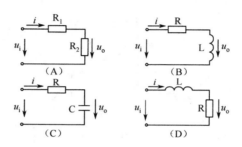

图 19-31

8．3 个相同类型电容器的电容量分别为 $C_1 = 0.1\ \mu F$，$C_2 = 10 nF$ 和 $C_3 = 1 nF$，串联后接入 1 个直流电压，下面所列哪种说法是正确的？答：＿＿＿＿＿＿。

　　A．C_1 处于最大的电压　　　　　　B．C_2 处于最大的电压

　　C．C_3 处于最大的电压　　　　　　D．在直流时，没有 1 个电容器上会出现电压

9．如图 19-32 所示的电路具有何种逻辑功能？答：＿＿＿＿＿＿＿。

　　A．与门　　　　　B．或门　　　　　C．或非门　　　　D．异或门

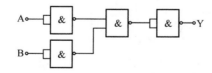

图 19-32

10．如图 19-33 所示为一交流电压放大器，它应当属于哪种基本放大电路？答：＿＿＿＿＿＿。

　　A．共集电极电路　　　　　　　　　B．共发射极电路

　　C．共基极电路　　　　　　　　　　D．射极跟随器

11．如图 19-34 所示的典型的基本电路称为＿＿＿＿＿＿＿＿。

　　A．JK 触发器　　B．D 触发器　　C．T 触发器　　D．RS 触发器

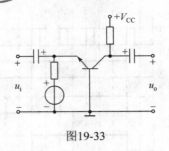

图19-33

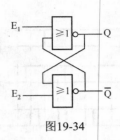

图19-34

12. 在如图 19-35 所示电路中，其输出端用示波器观察到的波形如图中所示，则电路中有什么故障？答：_____。

    A．R_1 有故障，没有通路   B．R_2 有故障，没有通路

    C．R_3 有故障，没有通路   D．C_2 有故障，没有通路

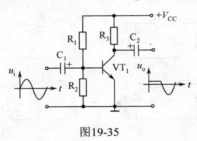

图19-35

三、计算（共84分）

1. 有 1 只电阻接在 $u = 220\sqrt{2}\sin(314t-45°)$V 的交流电源上，测得流进的电流 I=2A，试求：
(1) 电阻的阻值；(2) 写出流过电阻的电流的瞬时值表达式；(3) 电阻所消耗的功率。（12 分）

2. 用支路电流法求如图 19-36 所示电路中的电流 I_1，I_2 和 I_3。（20 分）

3. 如图 19-37 所示电路中的电阻 R 至少必须承受多大的功率（单位：W），才不至于在电路谐振的情况下出现电阻过载的现象。（12 分）

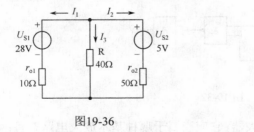

图19-36

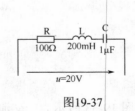

图19-37

4. 单管放大电路如图 19-38 所示，已知 U_{be}=0.7V，β=50，电路其他参数如图所示，试求：
(1) 画出该电路的直流通路；(2) 计算电路的静态工作点 I_{BQ}，I_{CQ}，U_{CEQ}。（16 分）

5. 如图 19-39 所示是一个运算放大器电路，试求电路的输出电压 U_o，并说明电路的名称。（12 分）

6. 1 个三相三线制交流电源 220V/50Hz 与 3 只均为 44Ω 的电阻三角形相连，请计算：
(1) 相电压；(2) 相电流；(3) 线电流。（12 分）

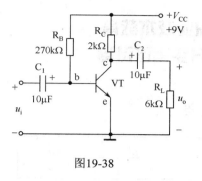

图19-38

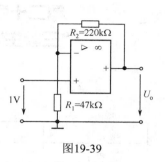

图19-39

第二十章　普通高等职业技术教育
"三校生"专业基础课升学考试试卷

（电子学基础 A 卷）

题号	一	二	三	总分
得分				

一、填空（每格 2 分，共 30 分）

1. 如图 20-1 所示电路中，求电压 U_{ab}=_____V。

2. 求如图 20-2 所示电路的等效电阻 R_{ab}=_____Ω。

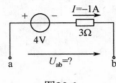

图20-1

图20-2

3. 在如图 20-3 所示电路中，求电阻 R_O=_____Ω。

4. 在如图 20-4 所示电路中，A 点的电位 U_A=_____V。

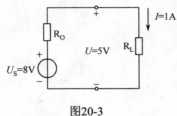

图20-3

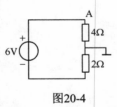

图20-4

5. 电路波形如图 20-5 所示，写出电压和电流的瞬时值表达式 i=_____A；u=_____V；有效值 i=_____A；u=_____V；电压和电流的相位差 Φ=_____。

6. 在电压为 110V、频率 f=50Hz 的电源上，接入电感 L=12.7mH 的线圈，则线圈的感抗 X_L=_____Ω。

7. 如图 20-6 所示的二极管 U_A=3V，U_B=4V，可知二极管处于_____状态。

8. 在电路中，测得三极管两个电极之间的电压如图 20-7 所示，则三极管工作在_____状态。

9. 如图 20-8 所示电路中，设输入电压为合适值，则输出的直流电压 U_o=_____V。

10. 完成下列不同数制间的转换：$(156)_{10}$=（　　　）$_2$；$(101011)_2$=（　　　）$_{10}$。

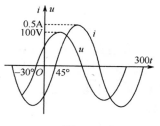

图20-5

图20-6

图20-7·

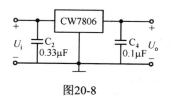

图20-8

二、选择（每格2分，共20分）

1. 如图 20-9 所示的电路中，正确的端电压 U 为_____。

2. 如图 20-10 所示正弦交流电路中，已知电压表 V_1 读数为 10V，电压表 V_2 读数为 20V，则电压表 V 读数为_____

 A．30V   B．10V

 C．$10\sqrt{5}$ V   D．$30\sqrt{5}$ V

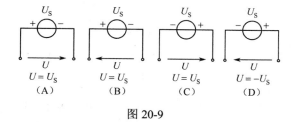

图 20-9

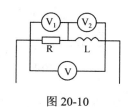

图 20-10

3. 如图 20-11 所示的哪一种电路其输出电压 u_o 随着输入电压 u_i 的频率增加而增大？

答：_____。

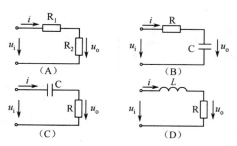

图20-11

4. 三极管工作在饱和状态时，它的 2 个 PN 结必须是_____。

    A．发射结和集电结同时正偏   B．发射结和集电结同时反偏

    C．发射结正偏和集电结反偏   D．发射结反偏和集电结正偏

5. 射极输出器是典型的_____放大电路。

    A．电压串联负反馈   B．电流串联负反馈

    C．电压并联负反馈   D．电流并联负反馈

6. 如图 20-12 所示的电路是_____。

    A．RC 振荡电路   B．LC 变压器反馈式振荡电路

    C．电感三点式振荡电路   D．电容三点式振荡电路

该电路的振荡频率是_____。

    A．3.98MHz   B．3.98kHz

    C．0.398MHz   D．1.26MHz

7. 电压串联负反馈将使放大电路的_____。

    A．输入电阻增大、输出电阻减小   B．输入电阻增大、输出电阻增大

    C．输入电阻减小、输出电阻减小   D．输入电阻减小、输出电阻增大

8. 如图 20-13 所示的电路具有何种逻辑功能？答：_____。

    A．与非门   B．同或门   C．或非门   D．异或门

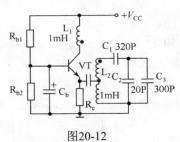

图20-12

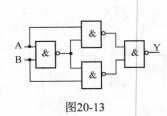

图20-13

9. 根据如图 20-14 所示给出的或门及各输入端信号的波形，其输出端 Y 的脉冲波形应为下列的哪一个？答：_____。

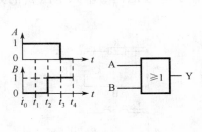

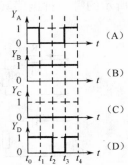

图20-14

三、计算（共 50 分）

1. 将如图 20-15 所示的电路化简成 1 个电压源与电阻串联的电路。（4 分）

2. 用支路电流法求如图 20-16 所示电路中的电流 I_1，I_2 和 I_3。（13 分）

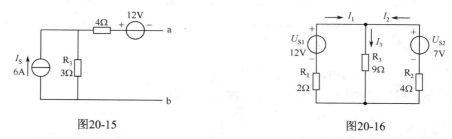

图 20-15　　　　　　　　　　　　　　　图 20-16

3. 如图 20-17 所示的一个线圈的等效电路图，当该线圈工作在 20V/50Hz 时，测得线圈中的电流为 195mA，那么该线圈的电感量 L（单位：mH）为多少？（9 分）

4. 放大电路如图 20-18 所示，设耦合电容和旁路电容的容量足够大，已知 $U_{be}=0.7V$，电路其他参数如图，试求：

（1）画出该电路的直流通路；

（2）计算电路的静态工作点 I_{BQ}, I_{CQ}, U_{CEQ}；

（3）画出该放大电路的微变等效电路图；

（4）该放大电路的电压放大倍数 A_u、输入电阻 R_i、输出电阻 R_o。（14 分）

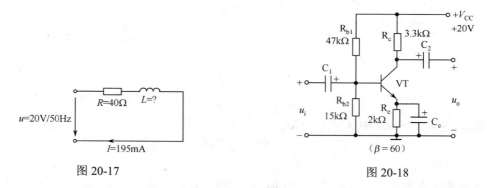

图 20-17　　　　　　　　　　　　　　　图 20-18

5. 运放应用电路如图 20-19 所示，试分别写出各电路的名称并求出输出电压 U_o 的值。（共 10 分）

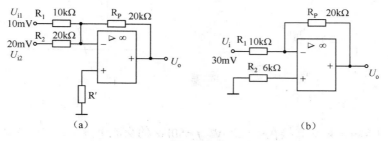

（a）　　　　　　　　　　　　　　　　　（b）

图 20-19

（电子学基础 B 卷）

题号	一	二	三	总分
得分				

一、填空（每格 3 分，共 45 分）

1. 如图 20-20 所示电路中，求电压 $U_{ab}=$＿＿＿＿V。

2. 求如图 20-21 所示电路的等效电阻 $R_{ab}=$＿＿＿＿Ω。

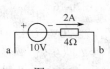

图 20-20

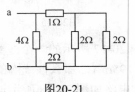

图 20-21

3. 如图 20-22 所示电路中，求电流 $I_1=$＿＿＿＿＿＿A。

4. 如图 20-23 所示电路中，总电流不变 $I=300\text{mA}$，$R_2=100\Omega$；当 $R_1=0$ 时，$I_2=$＿＿＿A；当 $R_1=\infty$ 时，$I_2=$＿＿＿＿mA；

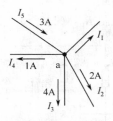

图 20-22

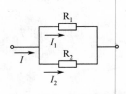

图 20-23

5. 求如图 20-24 所示中 A 点的电位，

（1）当 S 打开，$U_A=$＿＿＿V；

（2）当 S 合上，$U_A=$＿＿＿V。

6. 若正弦交流电流波形图如图 20-25 所示，写出其瞬时值表达式 $i=$＿＿＿＿＿＿＿＿＿＿A；电流有效值 $i=$＿＿＿＿＿＿A。

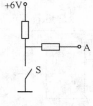

图 20-24

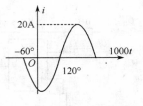

图 20-25

7. 设有一电容 $C=40\mu\text{F}$，接在 $U=220\text{V}$，$f=50\text{Hz}$ 的交流电源上，则电容所呈现的容抗为 $X_C=$＿＿＿＿＿＿Ω。

8．如图 20-26 所示的二极管 $U_A=-2V$，$U_B=-1V$，可知二极管处于_____状态。

9．在电路中，测得三极管两个电极之间的电压如图 20-27 所示，则三极管工作在_____状态。

图20-26　　　　　　　　　　　图20-27

10．如图 20-28 所示电路中，设输入电压为合适值，则输出的直流电压 U_o=_____V。

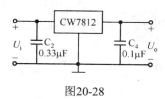

图20-28

11．完成下列不同数制间的转换：$(428)_{10}=($ ____$)_2$；$(1100110)_2=($ ____$)_{10}$。

二、选择（每格 3 分，共 30 分）

1．如图 20-29 所示的电路中，正确的端电压 U 为_____。

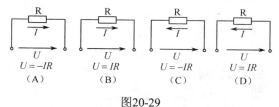

图20-29

2．如图 20-30 所示正弦交流电路中，已知电压表 V_1 读数为 30V，电压表 V_2 读数为 40V，则电压表 V 读数为_____。

　　A．10V　　　　　B．50V　　　　　C．60V　　　　　D．70V

3．如图 20-31 所示，哪一种电路其输出电压 u_o 随着输入电压 u_i 的频率增加而减小？

答：_____。

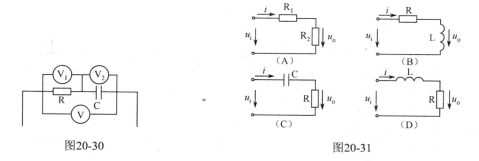

图20-30　　　　　　　　　　　图20-31

4. 如图 20-32 所示电路的名称是＿＿＿＿＿＿＿＿；

    A．共发射极电路   B．共集电极电路

    C．共基极电路   D．共阴极电路

它的主要特点是：＿＿＿＿＿＿＿＿。

    A．电压放大倍数>1，输入电阻大，输出电阻小

    B．电压放大倍数<1，输入电阻大，输出电阻小

    C．电压放大倍数<1，输入电阻小，输出电阻小

    D．电压放大倍数<1，输入电阻大，输出电阻大

5. 如图 20-33 所示的电路是＿＿＿＿＿＿。

    A．LC 振荡电路   B．RC 移相式振荡电路

    C．RC 串并联网络式振荡电路   D．RC 文氏电桥式振荡电路

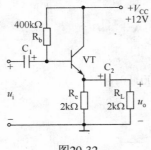   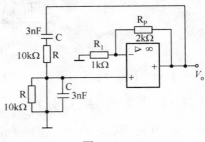

图20-32   图20-33

6. 三极管工作在放大状态时，它的 2 个 PN 结必须是＿＿＿＿＿＿。

    A．发射结和集电结同时正偏   B．发射结和集电结同时反偏

    C．发射结正偏和集电结反偏   D．发射结反偏和集电结正偏

7. 电流并联负反馈将使放大电路的＿＿＿＿＿＿＿＿。

    A．输入电阻增大、输出电阻减小   B．输入电阻增大、输出电阻增大

    C．输入电阻减小、输出电阻减小   D．输入电阻减小、输出电阻增大

8. 如图 20-34 所示的电路具有何种逻辑功能？答：＿＿＿＿＿＿＿。

    A．与非门   B．同或门   C．或非门   D．异或门

9. 根据如图 20-35 所示给出的与门以及各输入端信号的波形，其输出端 Y 的脉冲波形应为下列的哪一个？答：＿＿＿＿＿＿。

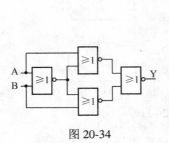   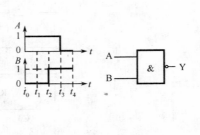   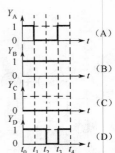

图 20-34   图 20-35

三、计算（共75分）

1．将如图 20-36 所示的电路化简成 1 个电压源与电阻串联的电路。（6分）

2．为测定某线圈电感的参数，可用 1 个已知电阻 R_1 和该线圈串联后接到交流电源上，如图 20-37 所示。已知 $R_1=50\Omega$，用电压表 V 依次测得三个电压为 $U=220V$，$U_1=50V$ 和 $U_2=200V$。交流电源频率 $f=50Hz$，求电感的参数 R 和 L。（13分）

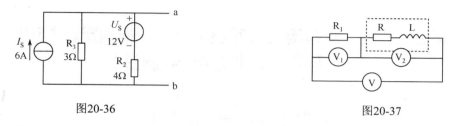

图20-36　　　　　　　　　　　　　　图20-37

3．用支路电流法求如图 20-38 所示电路中的电流 I_1，I_2 和 I_3。（20分）

4．放大电路如图 20-39 所示，设耦合电容和旁路电容的容量足够大，已知 $r_{bb}=300\Omega$、电路其他参数如图所示，试求：

（1）画出该电路的直流通路；

（2）计算电路的静态工作点 I_{BQ}, I_{CQ}, U_{CEQ}；

（3）画出该放大电路的微变等效电路图；

（4）该放大电路的电压放大倍数 A_u、输入电阻 R_i、输出电阻 R_o。（20分）

5．运放应用电路如图 20-40 所示，试分别写出各电路的名称并求出输出电压 U_o 的值。（共16分）

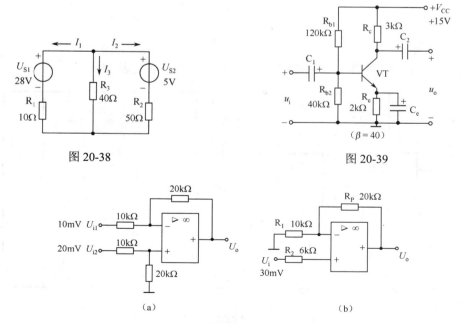

图 20-38　　　　　　　　　　　　　　图 20-39

（a）　　　　　　　　　　　　　　　（b）

图 20-40

第三部分　操作技能鉴定试题

第二十一章　维修电工（四级）操作技能鉴定模拟试题（电子技术和电气控制部分）

电子技术——试题单

一、考核要求

1．要求：根据给定的设备和仪器仪表，在规定的时间内完成设计、安装、焊接、调试、测量、元器件参数选定等工作，达到考题规定的要求。

2．时间：80 min。

二、评分原则

按照完成的工作是否达到了全部或部分要求，由考评员按评分标准进行评分，在规定的时间内考核不得延时。

三、考核内容

1．题目名称

安装调试灯光控制电路，如图 21-1 所示，元器件明细表见表 21-1。

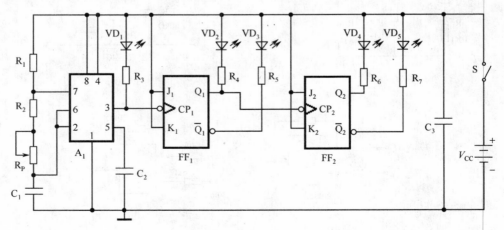

图 21-1

2．题目内容

① 检测电子元件，判断是否合格。

② 按灯光控制电路图进行安装、焊接。

③ 安装后，通电调试，并画出波形图。

四、考核要求

1．找出不合格元件。

2．按工艺要求安装、焊接电子元件。

3．正确使用仪器，并调试电路。

表 21-1　灯光控制电路元器件明细表

符　号	名称、型号、规格	数　量
R_1	电阻 RT-1-10kΩ	1
R_2	电阻 RT-1-5.1kΩ	1
$R_3 \sim R_7$	电阻 RT-1-1kΩ	5
$VD_1 \sim VD_5$	发光二极管 LED701	5
C_1	电容器 CD11-16-3.3μF	1
C_2	电容器 CJ10-0.01μF	1
C_3	电容器 CD11-16-100μF	1
R_P	电位器 WH5-2-470 kΩ	1
A_1	NE555 时基电路	1
FF_1，FF_2	74LS112　JK 触发器	1

电气控制——试题单

一、考核要求

1. 要求：根据考核图，在规定的时间内完成控制电路的接线、调试，达到考核题规定的要求。

2. 时间：80 min。

二、评分原则

按照完成的工作是否达到了全部或部分要求，由考评员按评分标准进行评分。在规定的时间内考核不得延时。

三、考核内容

1. 题目名称

三相异步电动机Y-△形换接延时启动控制电路安装及调试，如图 21-2 所示。

2. 题目内容

在自行分析电路功能后，完成考核要求。

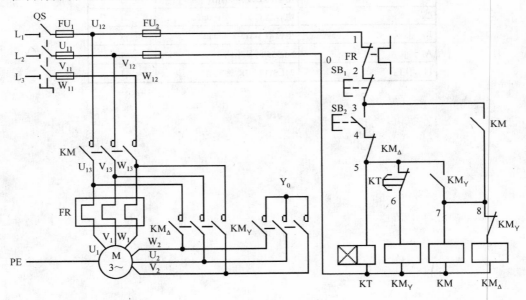

图 21-2

四、考核要求

1. 根据考核图进行控制电路接线。

2. 能用仪表测量调整和选择元件。

3. 板面导线经线槽敷设，线槽外导线须平直，各节点必须紧密。

4．接电源、电动机及按钮等导线必须通过接线柱引出，并有保护接地或接零。

5．装接完毕后，提请监考人员到位方可通电试车。

6．能熟练地对电路进行调试。

7．如遇故障自行排除。

第二十二章 电工电子中级工操作技能鉴定模拟试题
（电子技术和电气控制部分）

电子技术——试题单

一、考核要求

1. 要求：根据给定的设备和仪器仪表，在规定的时间内完成设计、安装、焊接、调试、测量、元器件参数选定等工作，达到考题规定的要求。

2. 时间：60 min。

二、评分原则

按照完成的工作是否达到了全部或部分要求，由考评员按评分标准进行评分，在规定的时间内考核不得延时。

三、考核内容

1. 题目名称

安装调试 RC 阻容放大电路，如图 22-1 所示，元器件明细表见表 22-1。

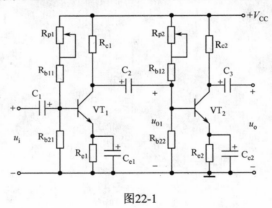

图22-1

2. 题目内容

① 检测电子元件，判断是否合格。

② 按 RC 阻容放大电路图（电源电压 V_{CC}=12V）进行安装、焊接。

③ 安装后，通电调试，并画出波形图。

四、考核要求

1. 找出不合格元件。

2. 按工艺要求安装、焊接电子元件。

3. 正确使用函数信号发生器等仪器，并调试电路。

表 22-1　RC 阻容放大电路元器件明细表

代　号	名　称	型号及规格	单　位	数　量
R_{b11}	电阻器	RTX-0.125-10kΩ±5%	只	1
R_{b21}	电阻器	RTX-0.125-33kΩ±5%	只	1
R_{c1}	电阻器	RTX-0.125-5.6kΩ±5%	只	1
R_{e1}	电阻器	RTX-0.125-2.2kΩ±5%	只	1
R_{b12}	电阻器	RTX-0.125-10kΩ±5%	只	1
R_{b22}	电阻器	RTX-0.125-43kΩ±5%	只	1
R_{c2}	电阻器	RTX-0.125-2.5kΩ±5%	只	1
R_{e2}	电阻器	RTX-0.125-2.7kΩ±5%	只	1
C_1	电解电容器	CD11-25V-10μF±10%	只	1
C_2	电解电容器	CD11-25V-10μF±10%	只	1
C_3	电解电容器	CD11-25V-10μF±10%	只	1
C_{e1}	电解电容器	CD11-25V-100μF±10%	只	1
C_{e2}	电解电容器	CD11-25V-100μF±10%	只	1
R_{p1}	电位器	WH9-1-0.25-500kΩ±5%	只	1
R_{p2}	电位器	WH9-1-0.25-500kΩ±5%	只	1
VT_1	晶体三极管	3DG6	只	1
VT_2	晶体三极管	3DG6	只	1
	印制电路板	单管放大电路	块	1

电气控制——试题单

一、考核要求

1. 要求：根据考核图，在规定的时间内完成主电路及控制电路的接线、调试，达到考核题规定的要求。

2. 时间：60 min。

二、评分原则

按照完成的工作是否达到了全部或部分要求，由考评员按评分标准进行评分。在规定的时间内考核不得延时。

三、考核内容

1. 题目名称

安装调试两地控制同一台电动机电路，如图 22-2 所示。

2. 题目内容

在自行分析电路功能后，完成考核要求。

四、考核要求

1. 根据原理图进行主电路及控制电路接线。

2. 能用仪表测量调整和选择元件。

3. 板面导线敷设必须平直，各节点接线必须合理、紧密。

4. 接电源、电动机等导线必须通过接线柱引出，并有保护接地或接零。

5. 装接完毕后，提请监考人员到位方可通电试车。

6. 能正确、熟练地对电路进行调试。

7. 如遇故障自行排除。

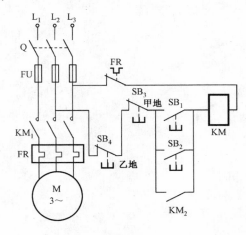

图 22-2

第二十三章　星光计划中等职业学校职业技能大赛《电子产品装配与调试》模拟试题

序　号	项目名称	单元内容	竞赛时间（min）
1	电子元器件的检测	使用指针式万用表检测电子元器件	30
2	原理图和印制电路板（PCB）图的设计	按印制电路板测绘电原理图	90
		单面印制电路板（PCB）图的设计	
3	电子产品装配及功能调试	检测电子元器件	180
		印制电路板焊接	
		电子产品装配	
		电子产品调试	

试题单（一）

参赛号	比赛时间	实际比赛时间	配　分	实际得分	裁判签名
	30min		100分		

一、竞赛项目

电子元器件的检测。

二、竞赛内容

使用指针式万用表检测电子元器件。

三、竞赛要求

1. 正确使用万用表检测三极管。如果检测结果为坏，在表 23-1 相应的空格内打"√"；如果检测结果为好，则将三极管 e，b，c 极在测试板上的编号填入表中相应的空格内。

2. 正确使用万用表检测发光二极管。如果检测结果为坏，在表 23-2 相应的空格内打"√"；如果检测结果为好，则将发光二极管正、负极所在测试板上的编号填入表中相应的空格内。

3. 正确使用万用表检测电位器。如果检测结果为坏，在表 23-3 相应的空格内打"√"；如果检测结果为好，则测出电位器的阻值（误差在±10%以内）填入表中相应的空格内。

4. 正确使用万用表检测结型场效应管。如果检测结果为坏，在表 23-4 相应的空格内打"√"；如果检测结果为好，则测出结型场效应管的栅极在测试板上的编号填入表中相应的空格内。

5. 正确使用万用表检测热敏电阻。如果检测结果为坏，在表 23-5 相应的空格内打"√"；如果检测结果为好，则测出热敏电阻的温度系数特性并在表中相应的空格内打"√"。

6. 正确使用万用表判别按键开关的好坏，并在表 23-6 相应的空格内打"√"。

7. 正确使用万用表判别拨动开关的好坏，并在表 23-7 相应的空格内打"√"。

8．正确使用万用表判别中频变压器的好坏，并在表 23-8 相应的空格内打"√"。

9．正确使用万用表判别电容的好坏，并在表 23-9 相应的空格内打"√"。

10．正确使用万用表判别光敏电阻的好坏，并在表 23-10 相应的空格内打"√"。

11．正确使用万用表判别驻极体话筒的好坏，并在表 23-11 相应的空格内打"√"。

12．正确使用万用表判别晶闸管的好坏，并在表 23-12 相应的空格内打"√"。

表 23-1

检 测 项 目	三 极 管 1				三 极 管 2			
检 测 内 容	坏	好			坏	好		
		e	b	c		e	b	c
检 测 结 果								
检 测 项 目	三 极 管 3				三 极 管 4			
检 测 内 容	坏	好			坏	好		
		e	b	c		e	b	c
检 测 结 果								

表 23-2

检 测 项 目	发光二极管 1			发光二极管 2			发光二极管 3		
检 测 内 容	坏	好		坏	好		坏	好	
		正极	负极		正极	负极		正极	负极
检 测 结 果									

表 23-3

检 测 项 目	电 位 器 1		电 位 器 2		电 位 器 3	
检 测 内 容	坏	好（阻值）	坏	好（阻值）	坏	好（阻值）
检 测 结 果						

表 23-4

检 测 项 目	结型场效应管 1		结型场效应管 2	
检 测 内 容	坏	好（栅极）	坏	好（栅极）
检 测 结 果				

表 23-5

检 测 项 目	热 敏 电 阻 1			热 敏 电 阻 2		
检 测 内 容	坏	好		坏	好	
		正极	负极		正极	负极
检 测 结 果						

表 23-6

检测项目	按键开关1		按键开关2		按键开关3	
检测内容	坏	好	坏	好	坏	好
检测结果						

表 23-7

检测项目	拨动开关1		拨动开关2		拨动开关3	
检测内容	坏	好	坏	好	坏	好
检测结果						

表 23-8

检测项目	中频变压器1		中频变压器2		中频变压器3	
检测内容	坏	好	坏	好	坏	好
检测结果						

表 23-9

检测项目	电容1		电容2	
检测内容	坏	好	坏	好
检测结果				

表 23-10

检测项目	光敏电阻1		光敏电阻2		光敏电阻3	
检测内容	坏	好	坏	好	坏	好
检测结果						

表 23-11

检测项目	驻极体话筒1		驻极体话筒2		驻极体话筒3	
检测内容	坏	好	坏	好	坏	好
检测结果						

表 23-12

检测项目	晶闸管1		晶闸管2	
检测内容	坏	好	坏	好
检测结果				

四、竞赛得分

常用电子元器件检测评分细则及得分见表 23-13。

表 23-13　常用电子元器件检测评分细则及得分表

参赛时间	30 min	实际时间		自时分起至时分止		
项　目	技术要求	配　分	评分标准（每项累计扣分不超过配分）		扣　分	得　分
使用指针式万用表检测电子元器件	正确使用万用表测量拨动开关、按键开关、电位器、中频变压器、驻极体话筒、电容、光敏电阻好坏	30	每错一个扣 5 分			
	1. 正确使用万用表判别发光二极管及其性能好坏； 2. 正确使用万用表判别晶闸管的好坏； 3. 正确使用万用表判断结型场效应管好坏、结型场效应管的栅极	30	每错一个扣 10 分			
	正确使用万用表检测三极管性能好坏及 e，b，c 极	30	每错一个扣 10 分			
	正确使用万用表判断热敏电阻好坏及正极性或负极性	10	每错一个扣 10 分			
合计		100				
裁判员：						

说明：1. 正确使用测量仪表检测常用电子元器件：拨动开关、按键开关、电位器、中频变压器、驻极体话筒、电容器、晶闸管、光敏二极管等 8 种元器件性能好坏。

2. 正确使用测量仪表判别发光二极管、晶体三极管、结型场效应管、热敏电阻等 4 种元器件性能好坏及极性。

3. 原无线电装接工四级元器件检测模块中，从上述 12 种元器件中只选择 4 件，本比赛采用每位参赛者全部检测。

试题单（二）

参 赛 号	比 赛 时 间	实际比赛时间	配　分	实 际 得 分	裁 判 签 名
	90 min		100分		

一、竞赛项目

原理图和印制电路板（PCB）图的设计。

二、竞赛内容

按印制电路板测绘电路原理图及单面印制电路板（PCB）图的设计。

三、竞赛要求

1．绘制电原理图。

① 符合 GB4728《电气图用图形符号》标准。

② 图样完整，器件、文字代号标志清楚。

③ 元器件排列、布局合理，图面清晰、线条整齐。

2．绘制单面印制电路板（PCB）图。

① 印制电路板图尺寸 135mm×90mm。

② 图面清晰、元器件排布局合理、疏密得当。

③ 印制导线宽度 1.5mm，焊盘外径 ϕ3mm。

④ 根据电原理图合理选择印制导线走向，导线间距合理。

⑤ 标注元器件图形符号和元器件编号。

原理图和印制电路板（PCB）图的设计

1．按印制电路板测绘电原理图。

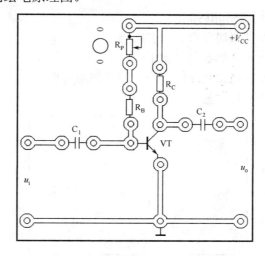

图 23-1

169

在下列方框内绘制电原理图。

要求：

① 符合 GB4728《电气图用图形符号》标准。

② 图样完整，器件、文字代号标志清楚。

③ 元器件排列、布局合理，图面清晰、线条整齐。

2．单面印制电路板（PCB）图的设计。

在下列方框内绘制单面印制电路板（PCB）图。

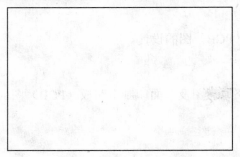

图 23-2

要求：

① 印制电路板图尺寸 135mm×90mm。

② 图面清晰、元器件排布局合理、疏密得当。

③ 印制导线宽度 1.5mm，焊盘外径ϕ3mm。

④ 根据电原理图合理选择印制导线走向，导线间距合理。

⑤ 标注元器件图形符号和元器件编号。

四、竞赛得分

单面印制电路板设计与电原理图测绘评分细则见表23-14。

表23-14 单面印制电路板设计与电原理图测绘评分细则

参 赛 时 间	90 min	实 际 时 间	自 时 分 起 至 时 分 止		
项 目	技 术 要 求	配 分	评分标准（每项累计扣分不超过配分）	扣 分	得 分
单面印制电路板设计	1. 在指定尺寸范围内设计印制电路板图； 2. 印制电路板图设计正确、完整	20	1. 印制电路板图超出尺寸范围扣10分； 2. 印制电路板图设计不完整、有错误每项扣5分		
	1. 元器件布局合理、疏密得当； 2. 合理确定设计印制导线宽度和选择印制导线间距； 3. 根据电原理图合理选择印制导线走向、形状、焊盘形状、焊盘的尺寸等	10	1. 元器件布局不合理、疏密失当，每项扣3～5分； 2. 印制导线宽度和印制导线间距不符合要求，每项扣3～5分； 3. 印制导线走向、形状、焊盘形状和焊盘的尺寸不符合要求，每项扣3～5分		
	图面清晰、元器件文字代号准确完整	10	每错一处扣3～5分		
单面印制电路板电路原理图绘制	1. 按印制电路板图或实样正确测绘电原理图； 2. 图样完整，器件、文字代号标志正确	40	1. 图样不完整，扣6～10分； 2. 绘图出错，每处扣3～5分； 3. 文字代号标志出错，每处扣2分		
	1. 按GB4728《电气图用图形符号》标准绘制电原理图； 2. 元器件排列、布局合理，图面清晰、线条整齐	20	1. 图形符号出错，每处扣6～10分； 2. 元器件排列布局混乱，图面不清晰、线条较差，扣5～10分		
合计		100	折合分		
裁判员：					

说明：1. 考虑到原无线电装接工四级鉴定该模块试题已运作几年，为在本次比赛中体现无线电装接技术发展，建议在原试题上适当进行提升，用集成电路组成的单元电路替代原试题库中电路，元器件总数不超过20个为宜。

2. 为了培养考生具备实物测绘技能，设想本次比赛采用实物元器件安装好印制板，用于电路板测绘出相应的电原理图。

参 考 文 献

[1] 徐国和. 电工学与工业电子学（第 5 版）. 北京：高等教育出版社，1993.

[2] 劳动部培训司. 维修电工生产实习（第 2 版）. 北京：中国劳动出版社，2000.

[3] 中国石油化工集团公司职业技能鉴定指导中心. 维修电工. 北京：中国石化出版社，2006.

[4] 陈雅萍. 电工技能与实训——项目式教学. 北京：高等教育出版社，2009.

[5] 冯满顺. 电工与电子技术（第 2 版）. 北京：电子工业出版社，2008.

[6] 冯满顺. 电工电子技术与技能（非电类多学时）. 北京：电子工业出版社，2010.